essentials

essentials liefern aktuelles Wissen in konzentrierter Form. Die Essenz dessen, worauf es als „State-of-the-Art" in der gegenwärtigen Fachdiskussion oder in der Praxis ankommt. *essentials* informieren schnell, unkompliziert und verständlich

- als Einführung in ein aktuelles Thema aus Ihrem Fachgebiet
- als Einstieg in ein für Sie noch unbekanntes Themenfeld
- als Einblick, um zum Thema mitreden zu können

Die Bücher in elektronischer und gedruckter Form bringen das Fachwissen von Springerautor*innen kompakt zur Darstellung. Sie sind besonders für die Nutzung als eBook auf Tablet-PCs, eBook-Readern und Smartphones geeignet. *essentials* sind Wissensbausteine aus den Wirtschafts-, Sozial- und Geisteswissenschaften, aus Technik und Naturwissenschaften sowie aus Medizin, Psychologie und Gesundheitsberufen. Von renommierten Autor*innen aller Springer-Verlagsmarken.

Weitere Bände in der Reihe https://link.springer.com/bookseries/13088

Joachim Schlegel

Duplex-Stahl
Ein Stahlporträt

Joachim Schlegel
Hartmannsdorf, Deutschland

ISSN 2197-6708   ISSN 2197-6716 (electronic)
essentials
ISBN 978-3-658-37609-3   ISBN 978-3-658-37610-9 (eBook)
https://doi.org/10.1007/978-3-658-37610-9

Die Deutsche Nationalbibliothek verzeichnet diese Publikation in der Deutschen Nationalbibliografie; detaillierte bibliografische Daten sind im Internet über http://dnb.d-nb.de abrufbar.

© Der/die Herausgeber bzw. der/die Autor(en), exklusiv lizenziert an Springer Fachmedien Wiesbaden GmbH, ein Teil von Springer Nature 2022
Das Werk einschließlich aller seiner Teile ist urheberrechtlich geschützt. Jede Verwertung, die nicht ausdrücklich vom Urheberrechtsgesetz zugelassen ist, bedarf der vorherigen Zustimmung des Verlags. Das gilt insbesondere für Vervielfältigungen, Bearbeitungen, Übersetzungen, Mikroverfilmungen und die Einspeicherung und Verarbeitung in elektronischen Systemen.
Die Wiedergabe von allgemein beschreibenden Bezeichnungen, Marken, Unternehmensnamen etc. in diesem Werk bedeutet nicht, dass diese frei durch jedermann benutzt werden dürfen. Die Berechtigung zur Benutzung unterliegt, auch ohne gesonderten Hinweis hierzu, den Regeln des Markenrechts. Die Rechte des jeweiligen Zeicheninhabers sind zu beachten.
Der Verlag, die Autoren und die Herausgeber gehen davon aus, dass die Angaben und Informationen in diesem Werk zum Zeitpunkt der Veröffentlichung vollständig und korrekt sind. Weder der Verlag, noch die Autoren oder die Herausgeber übernehmen, ausdrücklich oder implizit, Gewähr für den Inhalt des Werkes, etwaige Fehler oder Äußerungen. Der Verlag bleibt im Hinblick auf geografische Zuordnungen und Gebietsbezeichnungen in veröffentlichten Karten und Institutionsadressen neutral.

Planung/Lektorat: Frieder Kumm
Springer Vieweg ist ein Imprint der eingetragenen Gesellschaft Springer Fachmedien Wiesbaden GmbH und ist ein Teil von Springer Nature.
Die Anschrift der Gesellschaft ist: Abraham-Lincoln-Str. 46, 65189 Wiesbaden, Germany

Was Sie in diesem *essential* finden können

Duplex-Stähle:

- Zur Geschichte
- Bezeichnungen, chemische Zusammensetzungen und Sorten
- Gefüge und Eigenschaften
- Herstellung
- Anwendungen
- Werkstoffdaten

Vorwort

Stahl ist unverzichtbar, wiederverwertbar und hat eine ganz besondere Bedeutung: In unserer modernen Industriegesellschaft ist Stahl der Basiswerkstoff für alle wichtigen Industriebereiche und auch die globalen Megathemen von heute, wie Klimawandel, Mobilität und Gesundheitswesen, sind ohne Stahl nicht lös- bzw. nicht beherrschbar. Beeindruckend ist die schon über 5000 Jahre währende Geschichte des Eisens und der Stahlerzeugung. Die Welt des Stahls ist inzwischen erstaunlich vielfältig und so komplex, dass sie in der Praxis nicht leicht zu überblicken ist (Schlegel, 2021). In Form von *essentials* zu Porträts von ausgewählten Stählen und Stahlgruppen soll dem Leser diese Welt des Stahls nähergebracht werden; kompakt, verständlich, informativ, strukturiert mit Beispielen aus der Praxis und geeignet zum Nachschlagen.

Vor über 90 Jahren wurden als jüngste Gruppe von nichtrostenden Stählen die **Duplex-Stähle** entwickelt. Mit ihren besonderen mechanischen Eigenschaften bei sehr hoher Korrosionsbeständigkeit finden sie zunehmend für last- und korrosionsbeanspruchte Anforderungen Anwendung. Wissenswertes über diese Stähle fasst dieses *essential* zusammen.

Für die Motivation, Betreuung und Unterstützung danke ich Herrn Frieder Kumm M.A., Senior Editor vom Lektorat Bauwesen des Verlages Springer Vieweg. Herrn Dipl.-Ing. Steffen Rehberg, Leiter der Werkstofftechnik bei BGH Edelstahl Freital GmbH, bin ich dankbar für seine fachliche Unterstützung bei der Erarbeitung und Sichtung des Manuskripts. Und meinem Bruder, Dr.-Ing. Christian Schlegel, danke ich für seine Hilfe beim Korrekturlesen.

Hartmannsdorf, Deutschland   Dr.-Ing. Joachim Schlegel

Inhaltsverzeichnis

1	**Grundlagen**	1
	1.1 Was ist ein Duplex-Stahl?	1
	1.2 Zur Geschichte	1
	1.3 Einordnung im Bereich der nichtrostenden Edelstähle	3
	1.4 Bezeichnungen	4
2	**Chemische Zusammensetzungen und Sorten**	7
	2.1 Legierungselemente in Duplex-Stählen	7
	2.2 Sorten	9
3	**Gefüge und Eigenschaften**	13
4	**Herstellung**	21
5	**Anwendungen**	25
6	**Werkstoffdaten**	29
	Literatur	49

Grundlagen 1

1.1 Was ist ein Duplex-Stahl?

Duplex kommt vom Lateinischen „doppelt". Also besitzt ein Duplex-Stahl ein „doppeltes", ein „zweiphasiges" Gefüge. Dieses besteht aus einer ferritischen Matrix (α-Eisen mit kubisch-raumzentriertem Würfelgitter), in der austenitische Inseln (γ-Eisen mit kubisch-flächenzentriertem Gitter) eingelagert sind. Deshalb werden diese Stähle auch als ferritisch-austenitische Stähle, Duplex-Edelstähle oder nichtrostende Duplex-Stähle (Duplex Stainless Steels) bezeichnet. Bei einem ausgeglichenen Verhältnis von 50 zu 50 % beider Phasen erreichen die Duplex-Stähle ihre optimalen Eigenschaften.

In der Praxis sollten diese zweiphasigen, ferritisch-austenitischen Stähle nicht mit den sogenannten „**D**ual**p**hasen-Stählen" (DP-Stählen) verwechselt werden. Diese besitzen zwar auch ein Gefüge aus zwei Bestandteilen, jedoch zu etwa 80 bis 90 % aus der weichen Ferritphase und zu 10 bis 20 % aus einer härteren, festigkeitssteigernden Phase, wie z. B. Martensit.

1.2 Zur Geschichte

Als der Chemiker und Metallurge *Eduard Maurer* (1886–1969) und sein Abteilungschef, Professor *Benno Strauß* (1873–1944), an der Chemisch-Physikalischen Versuchsanstalt der Friedrich-Krupp-Aktiengesellschaft mit verschiedenen, mit Chrom und Nickel legierten Stählen experimentierten, ahnten sie noch nicht, dass 1912 mit ihrer „*Versuchsschmelze 2 Austenit (V2A)*" der Durchbruch in der Metallurgie nichtrostender Stähle gelang. Derartige Stähle sind mit mindestens

10,5 Masse-% Chrom legiert und bilden ohne einen zusätzlichen Oberflächenschutz unter Einwirkung von Sauerstoff eine unsichtbare Passivschicht. Die sich daraus ergebenden vielfältigen Einsatzgebiete führten zur Entwicklung einer Vielzahl von nichtrostenden Stählen mit austenitischen, ferritischen und martensitischen Gefügezuständen. Und bald kam die Idee auf, doch die Eigenschaften nichtrostender Chromstähle mit ferritischem oder martensitischem Gefüge mit denen von Chrom-Nickel-Stählen mit austenitischem Gefüge zu kombinieren. Eine noch höhere Korrosionsbeständigkeit bei verbesserten mechanischen Eigenschaften war das Ziel. Erste Versuche hierzu fanden bereits in den 1930er Jahren bei Avesta in Schweden (heute: Outokumpu Stainless AB, Avesta) statt (ISSF, 2021). Ab den 1970er Jahren wurde eine kommerzielle Duplexlegierung mit 26 Masse-% Chrom, 5 Masse-% Nickel und 1,5 Masse-% Molybdän produziert, bekannt als 1.4460 (X3CrNiMoN27-5-2).

Anfang der 1980er Jahre nahm der Bedarf an Erdöl und Erdgas stark zu. Die dazu benötigten Förderanlagen mussten erweitert und ausgebaut werden. So stieg auch die Nachfrage nach nichtrostenden Edelstählen mit hoher Korrosionsbeständigkeit, hoher Festigkeit und guter Verarbeitbarkeit, insbesondere Schweißbarkeit. Der Fortschritt in der metallurgischen Erzeugung durch Einsatz des AOD-Konverters (**A**rgon-**O**xygen-**D**ecarburization: Entkohlen mit Argon-Sauerstoff-Gemisch) mit der Möglichkeit des Hinzulegierens von Stickstoff sowie der Einstellung niedriger Kohlenstoffgehalte führte zur Entwicklung der zweiten Generation von Duplex-Stählen. Der Stickstoff verbessert die Loch- und Spaltkorrosionsbeständigkeit, erhöht die Festigkeit und auch Zähigkeit. Pionierarbeit leisteten die Unternehmen Avesta, Creusot Loire, Sandvik und Ugitech.

Von den wenigen Sorten, die es damals gab, wurde vor allem der typischste Duplex-Stahl 1.4462 (X2CrNiMoN22-5-3) für stark lastbeanspruchte Anwendungen in korrosiver Umgebung, z. B. in Meerwasser, eingesetzt (Peckner & Berbstein, 1977), (Voronenko, 1997), (Charles, 2015). Dieser Duplex-Stahl, als „Duplex 2205" bekannt geworden, kommt auch heute noch als Standardgüte mit einem Anteil von 75 bis 80 % der gesamten Duplex-Stahlproduktion zum Einsatz (Montanstahl-Magazin, 2017). Die weitere Entwicklung der Duplex-Stähle als nunmehr etablierte jüngste Familie der nichtrostenden Stähle ging in zwei Richtungen:

- *Lean-Duplex („Mager-Duplex"):* niedriger legiert als die Standardgüte 1.4462
- *Super- und Hyper-Duplex:* höher legiert als der 1.4462 mit bis zu 33 Masse-% Chrom, 9,5 Masse-% Nickel, 5 Masse-% Molybdän und zusätzlich auch mit Mangan und Kupfer legiert. Sowohl die gezielte Einstellung gewünschter Festigkeits- und Korrosionseigenschaften als auch Kosten waren bzw.

sind die Triebkräfte dieser Entwicklungsrichtungen. Beispielsweise gelang es 2005, einen vergleichbaren, jedoch kostenreduzierten Duplex-Stahl mit einem Nickelgehalt von nur 1 Masse-% anstatt von 6 Masse-% zu entwickeln (Mola, 2005).

Heute gibt es eine breite Palette an Duplex-Stählen für verschiedenste Anwendungen, insbesondere in Ergänzung von austenitischen nichtrostenden Edelstählen.

1.3 Einordnung im Bereich der nichtrostenden Edelstähle

Die Duplex-Stähle zählen zur Gruppe der rost- und säurebeständigen Stähle (DIN EN 10088 T1 bis T3). Diese umfasst nach dem Gefüge die ferritischen, austenitischen und martensitischen Stähle sowie die ferritisch-austenitischen Duplex-Stähle, schematisch dargestellt in Abb. 1.1.

Die nichtrostenden ferritischen, austenitischen und martensitischen Edelstähle werden in gesonderten *Essentials* vorgestellt.

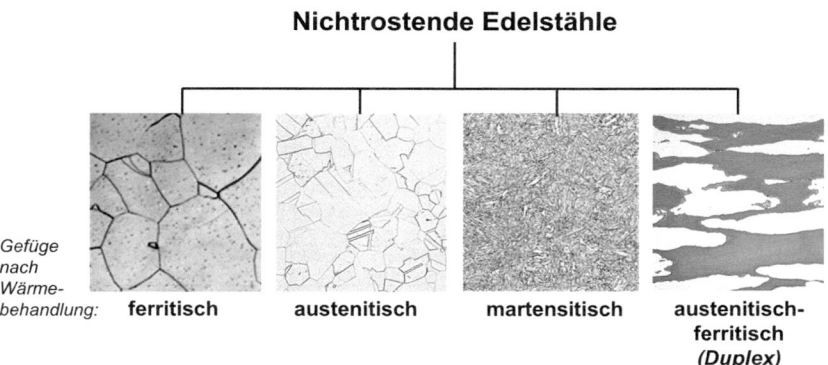

Abb. 1.1 Einordung der Duplex-Stähle nach dem Gefüge im Bereich der nichtrostenden Edelstähle. (Schliffbilder: BGH Edelstahl Freital GmbH)

1.4 Bezeichnungen

Werkstoffnummern
Sie werden durch die Europäische Stahlregistratur vergeben und bestehen aus der Werkstoffhauptgruppennummer (erste Zahl mit Punkt), den Stahlgruppennummern (zweite und dritte Zahl) sowie den Zählnummern (vierte und fünfte Zahl).
Die Duplex-Stähle als nichtrostende Edelstähle liegen gemäß EN 10027-2 alle im Bereich der legierten, chemisch beständigen Stähle: **1.40..** bis **1.46..**.

Stahlkurznamen
Sie geben Hinweise zur chemischen Zusammensetzung der Stähle. Die Stahlkurznamen bestehen aus Haupt- und Zusatzsymbolen, die jeweils Buchstaben (z. B. chemische Symbole) oder Zahlen (für Gehalte der Legierungselemente) sein können. Diese Angaben unterscheiden sich bei unlegierten, legierten und hochlegierten Stählen sowie bei Schnellarbeitsstählen (Langehenke, 2007). Hochlegierte Stähle weisen stets einen Masseanteil unterschiedlichster Legierungselemente von gesamt mindestens 5 Masse-% auf. Zu diesen Stählen zählen auch die Duplex-Stähle. Sie werden mit einem **X** am Anfang des Kurznamens gekennzeichnet. Danach folgen der Kohlenstoffgehalt, grundsätzlich multipliziert mit dem Faktor 100, und die weiteren Legierungselemente mit ihren chemischen Kurzzeichen. Dabei erfolgt die Angabe der Legierungselemente in der Reihenfolge beginnend mit dem höchsten Gehalt. Daran schließen sich die jeweils zu den Legierungselementen zugehörigen Masseanteile an. Diese werden jedoch nicht mit einem Faktor multipliziert (typisch für hochlegierte Stähle!).

Beispiel:
X2CrNiMoN22-5-3 (1.4462): Duplex-Standardgüte mit $\leq$ 0,030 Masse-% Kohlenstoff, ca. 22 Masse-% Chrom, ca. 5 Masse-% Nickel und ca. 3 Masse-% Molybdän, stickstofflegiert ($\leq$ 0,02 Masse-%).

Marken- und Herstellernamen
In der Praxis verwenden die Hersteller und auch Händler für Duplex-Stähle eigene Bezeichnungen, Markennamen und geschützte Handelsnamen, wie z. B. für:

- **1.4410** (X2CrNiMoN25-7-4): **Alloy 2507**, **A913** (Böhler), **DX2507** (APERAM), **V257M** (Valbruna), **SAF 2507** (Sandvik)

1.4 Bezeichnungen

- **1.4462** (X2CrNiMoN22-5-3): **Duplex 2205, 2205** (Avesta), **ACIDUR 4462** (DEW), **VS22** und **VLX563** (Valourec), **AF22** (Mannesmann), **DP8** und **SM22Cr** (Sumitomo), **REMANIT 4462** (TEW), **Falc223** (Krupp), **SAF 2205** (Sandvik)

Bezeichnungen nach internationalen Normen
Allgemein werden Stähle, vor allem in den USA weit verbreitet, mit einer **UNS**-Nummer (*englische Abkürzung:* **U**nified **N**umbering **S**ystem for Metals and Alloys) klassifiziert. Auf der Basis länderspezifischer Normen können auf dem Markt äquivalente Duplex-Stähle gefunden bzw. verglichen werden:

USA	**ASTM** (ursprünglich „**A**merican **S**ociety for **T**esting and **M**aterials") sowie
	AISI (**A**merican **I**ron and **S**teel **I**nstitute)
Japan	**JIS G4403** (**J**apan **I**ndustrial **S**tandard)
Frankreich	**AFNOR/NF** (**A**ssociation **F**rançaise de **Nor**malisation)
Großbritannien	**BS** (**B**ritish **S**tandards)
Italien	**UNI** (Ente Nazionale Italiano di **Uni**ficazione)
China	**GB** (**G**uo**b**iao, chinesisch: Nationaler Standard)
Schweden	**SIS** (**S**wedish **I**nstitute of **S**tandards)
Spanien	**UNE** (Asociación Española de Normalización)
Polen	**PN** (von: **P**olnisches Komitee für **N**ormung)
Österreich	**ÖNORM** (nationale österreichische **Norm**)
Russland	**GOST** (**Go**sudarstvenny **St**andart)
Tschechien	**CSN** (Tschechische nationale technische Norm)

Zu beachten ist bei solch einem Abgleich, dass es sich um „äquivalente", also oft nur um „gleichwertige" Duplex-Stähle handelt, die im Detail der chemischen Analyse auch etwas voneinander abweichen können. Die Abb. 1.2 zeigt dies am Beispiel des Standard-Duplex-Stahls 1.4462 (X2CrNiMoN22-5-3) nach DIN EN 10088-2/3 mit den vergleichbar zuordenbaren Güten AISI 318LN, UNS S31803, ASTM A182 F51 sowie JIS SUS329J3L (siehe hierzu auch Kap. 6: *Werkstoffdatenblätter*).

	Chemische Zusammensetzung in Masse-%								
	C	Si	Mn	P	S	Cr	Mo	Ni	N
Deutschland: X2CrNiMoN22-5-3	≤ 0,030	≤ 1,00	≤ 2,00	≤ 0,035	≤ 0,015	21,0 - 23,0	2,50 - 3,50	4,50 - 6,50	0,10 - 0,22
USA: AISI 318LN	≤ 0,030	≤ 1,00	≤ 2,00	≤ 0,030	≤ 0,020	22,0 - 23,0	3,00 - 3,50	4,50 - 6,50	0,14 - 0,20
UNS S31803	≤ 0,030	≤ 1,00	≤ 2,00	≤ 0,035	≤ 0,015	21,0 - 23,0	2,50 - 3,50	4,50 - 6,50	0,10 - 0,22
ASTM A182 F51	≤ 0,030	≤ 1,00	≤ 2,00	≤ 0,030	≤ 0,020	21,0 - 23,0	2,50 - 3,50	4,50 - 6,50	0,08 - 0,20
Japan: JIS SUS329J3L	≤ 0,030	≤ 1,00	≤ 2,00	≤ 0,040	≤ 0,030	21,0 - 24,0	2,50 - 3,50	4,50 - 6,50	0,08 - 0,20

Abb. 1.2 Richtanalysen des Standard-Duplex-Stahls 1.4462 (X2CrNiMoN22-5-3) und vergleichbarer Duplex-Stähle

Chemische Zusammensetzungen und Sorten 2

2.1 Legierungselemente in Duplex-Stählen

Duplex-Stähle haben folgenden typischen Legierungsaufbau (Angaben in Masse-%):

Kohlenstoff C   max. 0,03 %
Chrom Cr   19,5 bis 33 %
Nickel Ni   1,5 bis 9,5 %
Mangan Mn   bis 6 %
Silizium Si   max. 1,0 %
Molybdän Mo   max. 5,0 %
Stickstoff N   0,1 bis 0,6 %

Um im Stahl das gewünschte Duplex-Gefüge mit einem Ferrit-Austenit-Gleichgewicht zu erhalten, müssen auch die Legierungselemente als Ferritbildner (Cr, Mo, Si, W) und diejenigen als Austenitbildner (Ni, Mn, N) in einem abgestimmten Verhältnis zueinander vorliegen. Dabei hat auch die Wärmebehandlung Einfluss auf die Ausbildung des Duplex-Gefüges (siehe Kap. 4: *Herstellung – Wärmebehandlung*). Im Einzelnen zeigen die wichtigsten Legierungselemente in Duplex-Stählen folgende Wirkungen (Steelinox, 2014):

Chrom (Cr)
Chrom sichert die Korrosionsbeständigkeit durch die Bildung einer stabilen, passiven Schutzschicht, wenn mindestens 10,5 Masse-% zulegiert werden. Mit steigendem Chromgehalt steigt auch die Korrosionsbeständigkeit. Gleichzeitig fördert Chrom als Ferritbildner die Entstehung des kubisch-raumzentrierten Kristallgitters.

© Der/die Autor(en), exklusiv lizenziert an Springer Fachmedien Wiesbaden GmbH, ein Teil von Springer Nature 2022
J. Schlegel, *Duplex-Stahl*, essentials,
https://doi.org/10.1007/978-3-658-37610-9_2

Davon ausgehend weisen nichtrostende Duplex-Stähle in der Regel mindestens 20 Masse-% Chrom auf (zum Vergleich: nichtrostende austenitische Edelstähle enthalten mindestens 16 Masse-% Chrom).

Molybdän (Mo)
Molybdän ist ein Ferritbildner und verstärkt die Wirkung von Chrom hinsichtlich der Korrosionsbeständigkeit vor allem in chloridhaltigen Medien. Diese können elektrochemische Reaktionen an zerstörten (zerkratzten) Oberflächen des Stahls auslösen in Form von Loch- oder Spaltkorrosion. So entstehen Löcher oder Vertiefungen, oft in versteckten Spalten.

Wie auch ein erhöhter Chromgehalt begünstigt Molybdän die Entstehung unerwünschter intermetallischer Phasen (auch „intermetallische Verbindungen" genannt: sehr harte chemische Verbindungen aus zwei oder mehreren Metallen in Form einer Zwischenstellung zwischen metallischen Legierungen und Keramiken). Davon ausgehend wird der Gehalt an Molybdän bei Duplex-Stählen auf max. 4 Masse-% begrenzt.

Silizium (Si)
Silizium ist ein Desoxidationselement und wird dem Stahl zum Abbinden des gelösten Sauerstoffs zugesetzt. Es wirkt als Ferritbildner ähnlich wie Chrom und Molybdän.

Nickel (Ni)
Nickel ist ein starker Austenitbildner, fördert also die Bildung eines kubisch-flächenzentrierten Kristallgitters. Deshalb enthalten ferritische Stähle kein bzw. nur minimal Nickel als Legierungselement, die Duplexstähle dagegen ca. 1,5 Masse-% (Lean-Duplex) bis ca. 9,5 Masse-% (Hyper-Duplex). Diese Nickelgehalte sind somit geringer als bei den bekannten austenitischen Stählen, die übliche Nickelgehalte von 6 bis 26 Masse-% aufweisen. Zur Ausbildung eines ausgewogenen ferritisch-austenitischen Gefüges muss der Nickelgehalt dem Chromgehalt angepasst werden. Je höher der Chromgehalt, desto mehr Nickel muss auch zulegiert werden. Das durch Nickel stabilisierte austenitische Gitter ist die Ursache für eine hohe Zähigkeit. Die Duplex-Stähle sind somit im Vergleich zu ferritischen Stählen deutlich zäher. Und auch Nickel verbessert die Korrosionsbeständigkeit, besonders in Verbindung mit Chrom.

Mangan (Mn)
Mangan erhöht die Festigkeit und wirkt in Duplex-Stählen wie Nickel und Stickstoff als Stabilisator des austenitischen Gefüges.

Stickstoff (N)
Stickstoff als ein recht kostengünstiges Legierungselement trägt in Duplex-Stählen maßgebend zur Erhöhung der Festigkeit bei. Und Stickstoff ist ein starker Austenitbildner und kann in dieser Wirkung zu einem Teil auch Nickel ersetzen. Stickstofflegierte Duplex-Stähle zeigen wegen des höheren Austenitanteils und des geringeren Gehalts an intermetallischen Phasen eine höhere Zähigkeit. Dabei verbessert Stickstoff auch die Schweißeigenschaften. Schließlich erhöht Stickstoff wie Chrom und Molybdän die Loch- und Spaltkorrosionsbeständigkeit.

Wolfram (W)
Wolfram wird zur Verbesserung der Korrosionsbeständigkeit vor allem bei Super- und Hyper-Duplex-Stählen mit bis zu 2,5 Masse-% zulegiert. Es begünstigt ähnlich wie Molybdän besonders die Beständigkeit gegenüber Lochkorrosion.

Kupfer (Cu)
Das Zulegieren von Kupfer mit bis zu 3 Masse-% verbessert generell die Beständigkeit gegenüber Säuren.

2.2 Sorten

In der Praxis finden sich unterschiedliche Einteilungen der Duplex-Stähle, z. B. in Lean-, Standard- und Super-Duplex oder in Lean-, Standard-, Super- und Hyper-Duplex. Auch wird unter Super-Duplex eine Sorte speziell mit 25 Masse-% Chrom unterteilt. Manchmal wird gesondert auf die Duplex-Stähle der ersten Generation (Lean-Duplex-Güten 1.4424 – X2CrNiMoSi18-5-3 und 1.4460 – X3CrNiMoN27-5-2) sowie auf alle Duplex-Güten der zweiten Generation verwiesen. Die Korrosionsbeständigkeit gilt auch als Kriterium für eine anwendungsbezogene Einordnung der Duplex-Stähle. Und da die Gehalte der beschriebenen Legierungselemente Chrom, Molybdän und Stickstoff das Korrosionsverhalten unterschiedlich beeinflussen, wird hierzu als gängige Kennzahl die Wirksumme **PREN** (**P**itting **R**esistance **E**quivalent **N**umber) genutzt (Steelinox, 2014), (ISSF, 2021):

$$\text{PREN} = \text{Cr} + 3{,}3 \text{ Mo} + 16 \text{ N}$$

Hierin:
Angabe der Gehalte an Chrom (Cr), Molybdän (Mo) und Stickstoff (N) in Masse-%.

Da Wolfram ähnlich wie Molybdän günstig auf die Lochkorrosionsbeständigkeit wirkt, wird dies für wolframlegierte Duplexstähle auch in der Formel zum PREN-Wert berücksichtigt. Anstelle von **3,3 Mo** erfolgt die Berechnung mit **3,3 (Mo + 0,5 W)**:

$$PREN_w = Cr + 3{,}3\,(Mo + 0{,}5\,W) + 16\,N$$

Je höher ein PREN-Wert, desto korrosionsbeständiger ist auch der Duplex-Stahl. PREN-Werte oberhalb von 23 gelten für meerwasserbeständige Duplex-Stähle.

Die Abb. 1 zeigt eine Übersicht zu den Sorten mit den heute üblichen Duplex-Stählen.

Lean-Duplex (Mager-Duplex): *PREN-Wert 22 bis 27*
Die Lean-Duplex-Stähle sind sparsamer legiert als die „Ursprungsvariante" Standard-Duplex 1.4462 (X2CrNiMoN22-5-3) und deshalb auch kostengünstiger. Typische Lean-Duplex-Stähle sind: 1.4482 (X2CrMnNiMoN21-5-3), 1.4162 (X2CrMnNiN21-5-1), 1.4062 (X2CrNiN22-2), 1.4362 (X2CrNiN23-4) und 1.4655 (X2CrNiCuN23-4).

Standard-Duplex: *PREN-Wert 28 bis 38*
Die Standard-Duplex-Stähle mit über 20 Masse-% Chrom, ca. 5 Masse-% Nickel und ca. 3 Masse-% Molybdän sind auch heute die am meisten eingesetzten Duplex-Stähle mit dem typischen Vertreter 1.4462 (X2CrNiMoN22-5-3), dem bekannten „Duplex 2205" (AISI 318LN).

Duplex mit 25 % Chrom: *PREN-Wert 38 bis 46*
Als solcher Duplex-Stahl wird z. B. der 1.4507 (X2CrNiMoCuN25-6-3) gelistet.

Super-Duplex: *PREN-Wert 39 bis 45*
Gegenüber den Standard-Duplex-Stählen besitzen die Super-Duplex-Stähle eine weiter erhöhte Korrosionsbeständigkeit, da diese 24 bis 30 Masse-% Chrom, bis zu 8 Masse-% Nickel und bis zu 5 Masse-% Molybdän enthalten. Beispiele sind die Stähle 1.4410 (X2CrNiMoN25-7-4), 1.4501 (X2CrNiMoCuWN25-7-4) und 1.4477 (X2CrNiMoN29-7-2).

Hyper-Duplex: *PREN-Wert 49 bis 53*
Die Hyper-Duplex-Stähle sind eine noch recht junge, höchstlegierte Duplex-Sorte mit einer ausgezeichneten Kombination aus höchster Korrosionsbeständigkeit, hoher Festigkeit bei guter Schweißbarkeit (Nilsson, 1992). Hierzu zählen die Güten 1.4658 (X2CrNiMoCoN28-8-5-1) sowie UNS S33207. Mit PREN-Werten über 49 sind diese besonders für aggressive Einsatzbedingungen geeignet, wie z. B. in der Öl- und Gasindustrie (siehe Kap. 5: *Anwendungen*).

2.2 Sorten

W.-Nr.	UNS	C	Si	Mn	P	S	Cr	Ni	Mo	W	Cu	N
				Richtanalyse (in Masse-%)								
				Duplex-Stähle der ersten Generation								
				Duplex (mit PREN 22 bis 31)								
1.4424	S31500	≤ 0,030	1,40-2,00	1,20-2,00	≤ 0,035	≤ 0,015	18,0-19,0	4,50-5,20	2,50-3,00	-	-	0,05-0,10
1.4460	S32900	≤ 0,050	≤ 1,00	≤ 2,00	≤ 0,035	≤ 0,015	25,0-28,0	4,50-6,50	1,30-2,00	-	-	0,05-0,20
	S32404	≤ 0,040	≤ 1,00	≤ 2,00	≤ 0,030	≤ 0,010	20,5-22,5	5,50-8,50	2,00-3,00	-	1,0-2,0	≤ 0,20
				Duplex-Stähle der zweiten Generation								
				Lean-Duplex (mit PREN 22 bis 27)								
1.4062	S32202	≤ 0,030	≤ 1,00	≤ 2,00	≤ 0,040	≤ 0,010	21,0-23,8	1,50-2,90	≤ 0,45	-	-	0,16-0,28
1.4162	S32101	≤ 0,030	≤ 1,00	4,00-6,00	≤ 0,040	≤ 0,015	21,0-22,0	1,35-1,70	0,10-0,80	-	0,10-0,80	0,20-0,25
1.4362	S32304	≤ 0,030	≤ 1,00	≤ 2,00	≤ 0,035	≤ 0,015	22,0-24,0	3,50-5,50	0,10-0,60	-	0,10-0,60	0,05-0,20
1.4482	S82001	≤ 0,030	≤ 1,00	4,00-6,00	≤ 0,035	≤ 0,030	19,5-21,5	1,50-3,50	0,10-0,60	-	≤ 1,00	0,05-0,20
1.4635	S82012	≤ 0,050	≤ 0,80	2,00-4,00	≤ 0,040	≤ 0,005	19,0-20,5	0,80-1,50	0,10-0,60	-	≤ 1,00	0,16-0,26
1.4655		≤ 0,030	≤ 1,00	≤ 2,00	≤ 0,035	≤ 0,015	22,0-24,0	3,50-5,50	0,10-0,60	-	1,00-3,00	0,05-0,20
	S82122	≤ 0,030	≤ 0,75	2,00-4,00	≤ 0,040	≤ 0,020	20,5-21,5	1,50-2,50	≤ 0,60	-	0,50-1,50	0,15-0,20
	S82011	≤ 0,030	≤ 1,00	2,00-3,00	≤ 0,040	≤ 0,020	20,5-23,5	1,00-2,00	0,10-1,00	-	≤ 0,50	0,15-0,27
1.4669		≤ 0,045	≤ 1,00	1,00-3,00	≤ 0,040	≤ 0,030	21,5-24,0	1,00-3,00	≤ 0,50	-	1,60-3,00	0,12-0,20
	S81921	≤ 0,030	≤ 1,00	2,00-4,00	≤ 0,040	≤ 0,030	19,0-22,0	2,00-4,00	1,00-2,00	-	≤ 0,25	0,14-0,20
1.4637	S82031	≤ 0,050	≤ 0,80	≤ 2,50	≤ 0,040	≤ 0,005	19,0-22,0	2,00-4,00	0,60-1,40	-	≤ 1,00	0,14-0,24
	S82121	≤ 0,030	≤ 0,75	2,00-4,00	≤ 0,040	≤ 0,020	20,5-21,5	1,50-2,50	≤ 0,60	-	0,50-1,50	0,15-0,20
1.4424	S31500	≤ 0,030	1,40-2,00	1,20-2,00	≤ 0,035	≤ 0,015	18,0-19,0	4,50-5,20	2,50-3,00	-	-	0,05-0,10
	S32404	≤ 0,040	≤ 1,00	≤ 2,00	≤ 0,030	≤ 0,010	20,5-22,5	5,50-8,50	2,00-3,00	-	1,00-2,00	≤ 0,20
1.4662	S82441	≤ 0,030	≤ 0,70	2,50-4,50	≤ 0,035	≤ 0,005	23,0-25,0	3,00-4,50	1,00-2,00	-	0,10-0,80	0,20-0,30
				Standard-Duplex (mit PREN 28 bis 38)								
1.4462	S31803	≤ 0,030	≤ 1,00	≤ 2,00	≤ 0,035	≤ 0,015	21,0-23,0	4,50-6,50	2,50-3,50	-	-	0,10-0,22
1.4462	S32205	≤ 0,030	≤ 1,00	≤ 2,00	≤ 0,030	≤ 0,020	22,0-23,0	4,50-6,50	3,00-3,50	-	-	0,14-0,20
	S32950	≤ 0,030	≤ 0,60	≤ 2,00	≤ 0,035	≤ 0,010	26,0-29,0	3,50-5,20	1,00-2,50	-	-	0,15-0,35
	S32808	≤ 0,030	≤ 0,50	≤ 1,10	≤ 0,030	≤ 0,010	27,0-27,9	7,00-8,20	0,80-1,20	2,10-2,50	-	0,30-0,40
	S32003	≤ 0,030	≤ 1,00	≤ 2,00	≤ 0,030	≤ 0,020	19,5-22,5	3,00-4,00	1,50-2,00	-	-	0,14-0,20
				Duplex mit 25 % Chrom (mit PREN 38 bis 46)								
1.4507	S32520	≤ 0,030	≤ 0,70	≤ 2,00	≤ 0,035	≤ 0,015	24,0-26,0	6,00-8,00	3,00-4,00	-	1,00-2,50	0,20-0,30
1.4507	S32550	≤ 0,040	≤ 1,00	≤ 1,50	≤ 0,040	≤ 0,030	24,0-27,0	4,50-6,50	2,90-3,90	-	1,50-2,50	0,10-0,25
	S31200	≤ 0,030	≤ 1,00	≤ 2,00	≤ 0,045	≤ 0,030	24,0-26,0	5,50-6,50	1,20-2,00	-	-	0,14-0,20
	S31260	≤ 0,030	≤ 0,75	≤ 1,00	≤ 0,030	≤ 0,030	24,0-26,0	5,50-7,50	2,50-3,50	0,10-0,50	0,20-0,80	0,10-0,30
	S32506	≤ 0,030	≤ 1,00	≤ 2,00	≤ 0,040	≤ 0,015	24,0-26,0	5,50-7,20	3,00-3,50	0,05-0,30	-	0,08-0,20
				Super-Duplex (mit PREN 39 bis 45)								
1.4410	S32750	≤ 0,030	≤ 1,00	≤ 2,00	≤ 0,035	≤ 0,015	24,0-26,0	6,00-8,00	3,00-4,50	-	≤ 0,50	0,24-0,35
1.4501	S32760	≤ 0,030	≤ 1,00	≤ 1,00	≤ 0,035	≤ 0,015	24,0-26,0	6,00-8,00	3,00-4,00	0,50-1,00	0,50-1,00	0,20-0,30
1.4477	S32906	≤ 0,030	≤ 0,50	0,80-1,50	≤ 0,030	≤ 0,015	28,0-30,0	5,80-7,50	1,50-2,60	-	≤ 0,80	0,30-0,40
	S39274	≤ 0,030	≤ 0,80	≤ 1,00	≤ 0,030	≤ 0,020	24,0-26,0	6,00-8,00	2,50-3,50	1,50-2,50	0,20-0,80	0,24-0,32
	S39277	≤ 0,025	≤ 0,80	≤ 0,80	≤ 0,025	≤ 0,002	24,0-26,0	6,50-8,00	3,00-4,00	0,80-1,20	1,20-2,00	0,23-0,33
				Hyper-Duplex (mit PREN > 45)								
1.4658	S32707	≤ 0,030	≤ 1,00	≤ 1,50	≤ 0,035	≤ 0,020	26,0-29,0	5,50-9,50	4,00-5,00	-	≤ 1,00	0,30-0,50
	S33207	≤ 0,030	≤ 0,80	≤ 1,50	≤ 0,035	≤ 0,010	29,0-33,0	6,00-9,00	3,00-5,00	-	≤ 1,00	0,40-0,60

Hinweis zum Schwefelgehalt:
S ≤ 0,030 % für Stäbe, Draht, Profile, Blankstahlerzeugnisse
S = 0,015 bis 0,030 % für spanend zu bearbeitende Erzeugnisse
S = 0,008 bis 0,030 % zur Sicherung der Schweißeignung
S ≤ 0,015 % zur Sicherung der Polierbarkeit

Abb. 2.1 Übersicht zu den Richtanalysen heutiger Duplex-Stähle, geordnet nach Sorten mit steigenden PREN-Werten

Gefüge und Eigenschaften 3

Ferrit als α-Eisen mit kubisch-raumzentriertem Würfelgitter bildet die gut formbare, weiche Matrix in Duplex-Stählen. Darin eingelagert sind die austenitischen Inseln (γ-Eisen mit kubisch-flächenzentriertem Gitter). Auch diese Inseln sind von niedriger Festigkeit und hoher Zähigkeit. Bei der metallographischen Schliffpräparation eines derartigen zweiphasigen Gefüges muss die Neigung der beiden weichen Phasen zur Verformung und Kratzerbildung beachtet werden. Meist erfolgt deshalb eine elektrolytische Präparation als Alternative zum mechanischen Schleifen und Polieren. Nach dem Ätzen sind im Quer- und Längsschliff in einer gleichmäßigen Mengenverteilung von 50/50 % die in der dunklen ferritischen Matrix hell eingelagerten Austenitinseln zu erkennen. Deren Größe und Form wird vom Umformgrad (Streckung) beeinflusst. Die Abb. 3.1 zeigt hierzu Quer- und Längsschliffe von einem dicken Stab mit Ø 160 mm und einem dünnen Stab mit Ø 42 mm, warmgewalzt und lösungsgeglüht aus dem Super-Duplex-Stahl 1.4501 (X2CrNiMoCuWN25-7-4).

Aufgrund seines typischen zweiphasigen Gefüges kann man den Duplex-Stahl auch als einen Verbundwerkstoff mit einer Eigenschaftskombination der beiden Phasen betrachten. So bringt die ferritische Phase eine hohe Beständigkeit gegenüber Spannungsrisskorrosion und eine höhere Festigkeit bei Raumtemperatur ein, und die austenitische Phase eine gute Umformbarkeit bei sehr hoher Korrosionsbeständigkeit.

Primäre Kriterien für den Einsatz von Duplex-Stahl sind zwar dessen hohe Korrosionsbeständigkeit (siehe PREN-Werte) und gute Schweißbarkeit, aber für viele Anwendungen spielt auch die Festigkeit eine Rolle, um korrosionsbeanspruchte Konstruktionen leichter und kostengünstiger gestalten zu können (siehe Kap. 5: *Anwendungen*).

Folgende Eigenschaften des Werkstoffs Duplex-Stahl sind in der Praxis allgemein von Bedeutung:

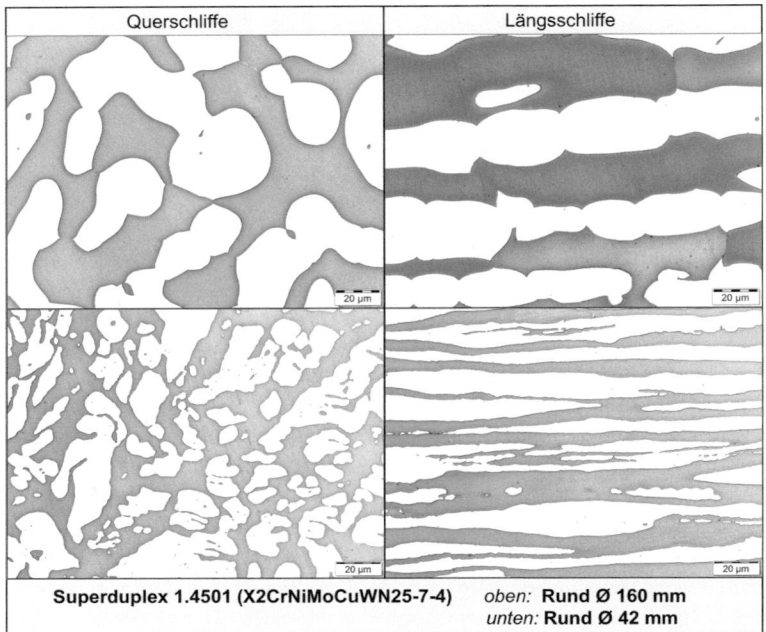

Abb. 3.1 Quer- und Längsschliffe vom Super-Duplex-Stahl 1.4501 (X2CrNiMoCuWN25-7-4): Stäbe, warmgewalzt und lösungsgeglüht, *dunkelgrau:* Ferritmatrix, *hell:* Austenitinseln. (Schliffbilder: BGH Edelstahl Freital GmbH)

- *hohe Beständigkeit gegenüber Korrosion*
- *höhere Festigkeit im Vergleich zu austenitischen Chrom-Nickel-Stählen*
- *bessere Umformbarkeit im Vergleich zu ferritischen Chromstählen*
- *gute Schweißbarkeit*
- *geringe Wärmeausdehnung*
- *hoher Widerstand gegen reibender Verschleißbeanspruchung*

Korrosionsbeständigkeit
Saure, alkalische, oxidierende, organische und anorganische Lösungen, also Säuren und Laugen, Chloride, Fluoride, Verunreinigungen, Temperatur- und Druckänderungen u. a. Faktoren können „werkstoffzerstörend" wirken. Man unterscheidet

3 Gefüge und Eigenschaften

dabei mechanische, chemische und elektrochemische, auch thermische Abnutzung bzw. Überbeanspruchung des Werkstoffes Stahl bei der Anwendung. Davon ausgehend werden die entsprechenden Korrosionsarten unterschieden, wie:

- *Flächenkorrosion* (gleichmäßiger Flächenabtrag vor allem durch starke Säuren, heiße alkalische und andere Medien in der chemischen Industrie)
- *Loch- und Spaltkorrosion* (Lokale Korrosion, die zu Löchern, Vertiefungen und Aushöhlungen im Bauteil führt und bevorzugt in unsichtbaren Spalten auftritt.)
- *Spannungsrisskorrosion* (Werkstoff ist gleichzeitig korrosiver Umgebung und Spannung, vorwiegend Zugspannung, ausgesetzt, wodurch lokales Versagen durch Risse entstehen kann.)
- *Ermüdungskorrosion* (Korrosion an Werkstoffen, die gleichzeitig Wechselbelastungen ausgesetzt sind, wodurch die Dauerfestigkeit sinkt.)
- *Abrasionskorrosion* (Korrosion unter sauren und basischen Medien mit reibend wirkenden Partikeln, vor allem im Bergbau, Ölsandabbau, in der Hydrometallurgie und bei der Wasserbehandlung)

Auf Details zu diesen Korrosionsarten und den dazu passenden korrosionsbeständigen Duplex-Stählen kann im Rahmen dieses *Essentials* nicht eingegangen werden. Weiterführende Informationen hierzu finden sich z. B. in (ISSF, 2021).

Die Abb. 3.2 veranschaulicht in vereinfachter Form die Eigenschaft „Korrosionsbeständigkeit" von Duplex-Stahl-Sorten unter Berücksichtigung der Kosten. Diese steigen mit zunehmenden Legierungsgehalten. Der Vergleich mit den klassischen austenitischen Stählen 1.4307 (X2CrNi18-9) und 1.4404 (X2CrNiMo17-12-2) zeigt, dass schon die Lean-Duplex-Stähle bei weniger Kosten (geringerer Gehalt an Nickel) gleiche und teils sogar höhere Korrosionsbeständigkeiten ausweisen.

Physikalische Eigenschaften

- *Dichte (g/cm^3)*
- *Spezifische Wärmekapazität c ($J/kg \cdot K$)*
- *Wärmeleitfähigkeit λ ($W/m \cdot K$)*
- *Elektrischer Widerstand R ($\Omega \cdot mm^2/m$)*

Diese Kennwerte liegen bei den Duplex-Stählen zwischen denen der austenitischen und ferritischen Stähle (Euro Inox, 2007). Die Wärmeausdehnung der Duplex-Stähle ist vergleichsweise niedrig; und deren Wärmeleitfähigkeit höher als bei austenitischen Stählen. Aus den Werkstoffdatenblätter unter Kap. 6 sind die physikalischen Kennwerte für ausgewählte Duplex-Stähle zu entnehmen.

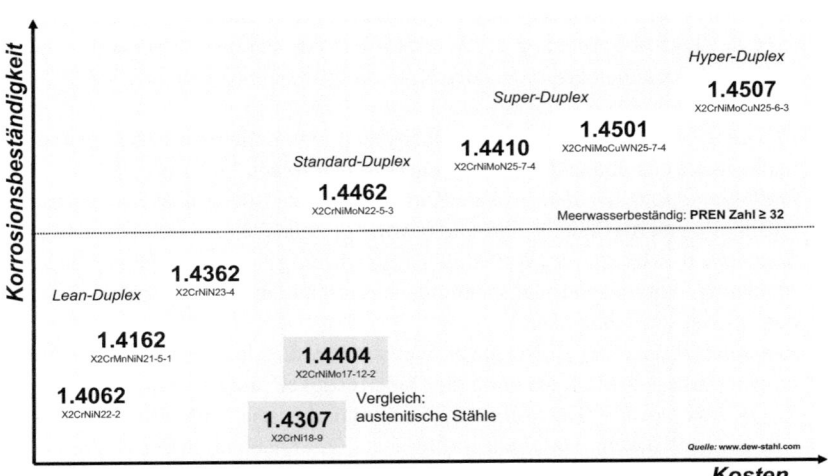

Abb. 3.2 Vereinfachte Übersicht zur Korrosionsbeständigkeit und zu Kosten verschiedener Duplex-Stahl-Sorten im Vergleich zu ausgewählten austenitischen Stählen. (Quelle: Schematischer „Stammbaum" der Duplex rostfreien Werkstoffe, Rev. 10/2013, Deutsche Edelstahlwerke)

Alle Duplex-Stähle sind bedingt durch den ferritischen Gefügebestandteil magnetisierbar.

Mechanische Eigenschaften

- *Härte HB*
- *Streckgrenze (0,2 %-Dehngrenze) $R_{p0,2}$ (N/mm^2 = MPa)*
- *Zugfestigkeit R_m (N/mm^2 = MPa)*
- *Bruchdehnung A_5 (%)*
- *Elastizitätsmodul E (kN/mm^2)*
- *Kerbschlagarbeit KV (J)*

Festigkeitswerte für einzelne Duplex-Stähle sind ebenfalls in den Werkstoffdatenblättern unter Kap. 6 zu finden. Interessant für die Stahlauswahl ist vor allem, dass die Duplex-Stähle im Vergleich zu den austenitischen, ferritischen und allgemeinen Baustählen höhere Festigkeiten aufweisen. Trotzdem besitzen sie eine gute Duktilität und Zähigkeit (Bruchdehnungen im Bereich 20 bis 30 %). Die Abb. 3.3

3 Gefüge und Eigenschaften

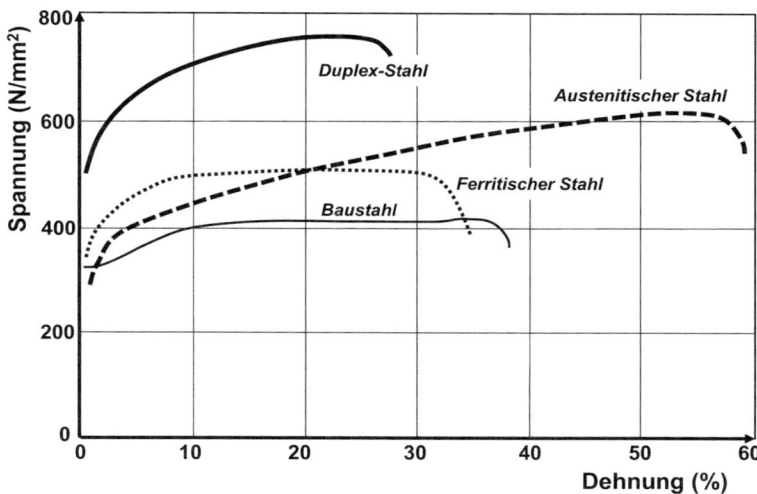

Abb. 3.3 Typische Spannungs-Dehnungs-Kurven für Duplex-Stahl, austenitischen und ferritischen Stahl sowie für einen Baustahl (Kohlenstoff-Stahl) im Vergleich. (Quelle: SCI-Publication, 2017, Fig. 2.2)

zeigt hierzu einen vereinfachten Vergleich der aus dem Zugversuch ermittelten Spannungs-Dehnungs-Kurven dieser vier Stahlsorten, *Quelle:* (SCI-Publication, 2017, Fig. 2.2).

Der Kennwert E-Modul (auch: Elastizitätsmodul, Zugmodul, Dehnungsmodul oder Youngscher Modul als Materialkennwert, der den proportionalen Zusammenhang zwischen Spannung und Dehnung beschreibt, also wie stark ein Material bei einer Krafteinwirkung nachgibt) wird gemäß EN 1993-1-4 und EN 10088-1 üblicherweise mit einer Größe von 200 kN/mm^2 für austenitische Stähle und auch für Duplex-Stähle angegeben als Basis für Konstruktionsanwendungen (SCI Publication, 2017).

Technologische Eigenschaften

- *Umformbarkeit (Warm-, Kaltumformen)*
- *Schweißeignung*
- *Spanbarkeit*

Duplex-Stähle besitzen gute Warmumformeigenschaften bis zu 1230 °C (Steelinox, 2014). Wichtig ist die gleichmäßige Temperaturverteilung im Umformgut. Zu beachten sind beim **Warmumformen** (Schmieden, Walzen) auch die begrenzten Warmumformtemperaturen, um nicht das Phasengleichgewicht Austenit/Ferrit zu verändern und Ausscheidungen von Nitriden sowie auch von intermetallischen Phasen (bei Temperaturen < 1050 °C) zu verursachen. In der Praxis sollten die Temperaturen gegen Ende des Warmumformprozesses noch oberhalb der Untergrenze des je Stahlgüte geeigneten Warmumformtemperaturbereiches liegen. Danach wird eine schnelle Abkühlung empfohlen (ISSF, 2021).

Duplex-Stähle sind auch gut **kalt umformbar**. Höhere Festigkeiten, größere Rückfederungen und geringere Duktilität im Vergleich zu austenitischen und ferritischen Stählen sind zu beachten (ISSF, 2021). Beim Kaltumformen tritt Kaltverfestigung ein, die gezielt genutzt wird zur Herstellung von Drahtprodukten aus Duplex-Stahl, z. B. für lastbeanspruchte Bauteile, wie Befestigungselemente mit Zugfestigkeiten ≥ 1000 N/mm^2. Die Ausgangsfestigkeiten können beim Kaltziehen mit Querschnittsabnahmen von 70 bis 80 % immerhin mehr als verdoppelt werden, wobei die Super-Duplex-Sorten höhere Festigkeitswerte erreichen als Lean-Duplex-Stähle (ISSF, 2021). Im Vergleich zu austenitischen Stählen zeigen die Duplex-Stähle nahezu vergleichbare Verfestigungen (Steigerung der Festigkeit je Umformgrad), sodass sich die erhöhten Ausgangsfestigkeiten auch nach der Kaltumformung in höheren Endfestigkeiten widerspiegeln. Die Abb. 3.4 zeigt dies am Beispiel der Verfestigungskurven für den Standard-Duplex-Klassiker 1.4462 (X2CrNiMoN22-5-2) im Vergleich zum austenitischen Stahl 1.4571 (X6CrNiMoTi17-12-2). Zusätzlich sind auch die steigenden Werte für die Streckgrenze $R_{p0,2}$ (0,2 %-Dehngrenze) eingetragen.

Das **Schweißen** von Duplex-Stählen kann wie bei hochlegierten Stählen mit den üblichen Verfahren durchgeführt werden. Diese sind: Unterpulver-, Wolfram-Inertgas-, Plasma-, Metall-Aktivgas-, Laserstrahl- und Elektronenstrahl-Schweißen (Haldorsen, 2016). Die dem Schweißvorgang folgende Abkühlung beeinflusst maßgebend das sich einstellende Verhältnis der Austenit-Ferrit-Anteile im Gefüge.

Spanbarkeit

Duplex-Stähle werden in unterschiedlichen Halbzeugformen wie Stäbe, Profile, Rohre, Bleche und Drähte erzeugt. Diese müssen spanend bearbeitet werden, um bestimmte Endprodukte herstellen zu können. Dabei spielt die Eigenschaft „Spanbarkeit", also der durch den Duplex-Stahl mit erhöhter Festigkeit (höhere Schneidkräfte) verursachte Werkzeugverschleiß sowie das Bruchverhalten der Späne eine wichtige, auch kostentreibende Rolle. Verbesserungen der Spanbarkeit können erreicht werden durch Modifikationen der chemischen Zusammensetzung

3 Gefüge und Eigenschaften

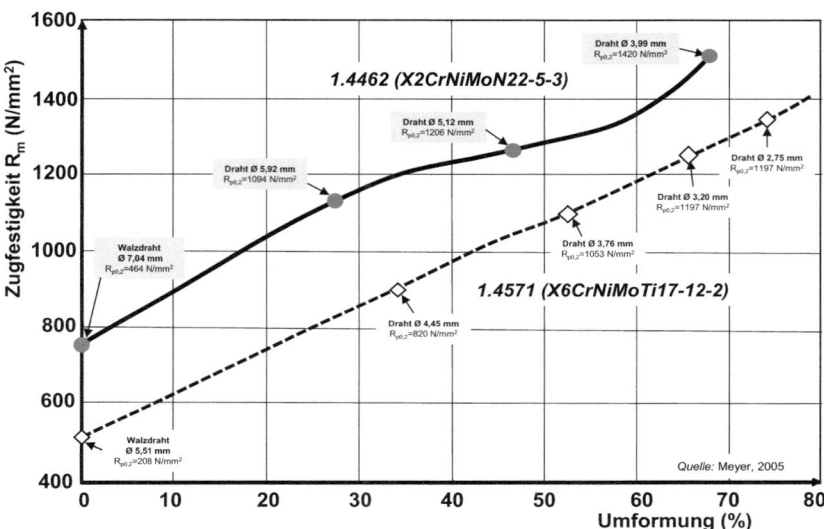

Abb. 3.4 Verfestigungskurven für den Standard-Duplex-Stahl 1.4462 (X2CrNiMoN22-5-2) und den austenitischen Stahl 1.4571 (X6CrNiMoTi17-12-2) beim Kaltziehen von Walzdraht, nach: (Meyer, 2005)

(z. B. Erhöhung des Nickel- und Kupfergehaltes bei Verringerung des Stickstoffgehaltes sowie durch Optimierung des Schwefelgehaltes). Dabei muss beachtet werden, dass die Korrosionsbeständigkeit nicht verschlechtert wird. Deshalb ist auch die Erhöhung des Schwefelgehalts zur Verbesserung des Spanbruchverhaltens begrenzt, üblicherweise auf max. 0,015 Masse-%, in Ausnahmen bis 0,030 Masse-%. Und höhere Schwefelgehalte beeinträchtigen auch die Kerbschlageigenschaften (ISSF, 2021).

Werden die Standard- und Super-Duplex-Stähle untereinander hinsichtlich der Eigenschaften Korrosionsbeständigkeit, Umformbarkeit, Schweißeignung und Spanbarkeit verglichen, so ergeben sich die in Abb. 3.5 gezeigten Unterschiede.

	Standard-Duplex	*Super-Duplex*
Korrosionsbeständigkeit	sehr gut	ausgezeichnet
Umformbarkeit	mittel	mittel
Schweißeignung	gut	gut
Spanbarkeit	mittel	schlecht

Abb. 3.5 Vergleich der Eigenschaften von Standard- und Super-Duplex-Stählen. (Quelle: Information Stahlhandel Gröditz GmbH, 2022)

Herstellung 4

Die Herstellung der Duplex-Stähle und der daraus gefertigten Produkte umfasst die schmelzmetallurgische Erzeugung im Elektrostahlwerk (Erschmelzen, Feinen, Gießen), das Warmumformen (Schmieden, Walzen) zu Halbzeug, die Wärmebehandlung und Weiterverarbeitung (Kaltumformen, mechanische Bearbeitung) zu den Fertigprodukten.

Schmelzen
Moderne Elektrostahlwerke arbeiten heute mit Lichtbogenöfen bei Chargengrößen bis zu 200 t. Im **L**icht**b**ogen**o**fen (**LBO**) bildet der Strom (meist Drehstrom) einen Lichtbogen (vergleichbar mit dem Elektrohandschweißen) zwischen den stromführenden Graphitelektroden und dem Schrotteinsatz. Dieser Lichtbogen schmilzt den Schrott durch die thermische Strahlung auf. Danach erfolgt der Abguss der Schmelzcharge (Rohstahl) in eine vorgewärmte Pfanne bei ca. 1700 °C. Zur Einstellung eines stabilen Duplex-Gefüges muss der Rohstahl schon mit engen Analysengrenzen der Legierungselemente im Lichtbogenofen erzeugt werden. In nachgeschalteten sekundärmetallurgischen Anlagen wird die weitere „Feinung" des noch flüssigen Rohstahls vorgenommen: Zulegieren bestimmter Legierungselemente, Aufsticken (Erhöhung des Stickstoffgehalts), Homogenisierung der Schmelze, Senkung des Kohlenstoff- und Schwefelgehaltes, Einstellung der Gießtemperatur. Hierzu kommen für hochwertige, hochlegierte Edelstähle wie die Duplex-Stähle mit niedrigem Kohlenstoffgehalt AOD- und VOD-Konverter zum Einsatz:

- **AOD**: **A**rgon-**O**xygen-**D**ecarburization, Entkohlen mit Argon-Sauerstoff-Gemisch.
- **VOD**: **V**acuum-**O**xygen-**D**ecarburization, Entkohlen unter Vakuum mit Sauerstoff.

Nach Abschluss dieser Feinbehandlung, üblicherweise auch „Pfannenmetallurgie" oder „sekundärmetallurgische Behandlung" genannt (Burghardt & Neuhof, 1982), wird die fertige Stahlschmelze zu Blöcken oder als Strangguss (Horizontal-, Kreisbogen- oder Vertikalstrangguss) vergossen. Für spezielle Anforderungen hinsichtlich höchster Reinheitsgrade und Homogenität (Reduzierung von Seigerungen, also von Entmischungen im Gussgefüge) kann ein Umschmelzen erforderlich werden. Elektro-Schlacke-Umschmelzanlagen (**ESU**) oder **L**ichtbogen-**V**akuum-Anlagen (**LBV**) kommen zum Einsatz, um den bereits erschmolzenen, sekundärmetallurgisch behandelten und abgegossenen Stahl einem weiteren Reinigungsprozess zu unterziehen.

Umformen
Es ist die bewusst vorgenommene geometrische Änderung einer bereits vorhandenen Roh- oder Werkstückform in eine neue Form. Diese erfolgt nach dem Gießen vorzugsweise in einem Temperaturbereich von 950 bis 1200 °C als Warmumformen (Schmieden, Walzen) der Gussblöcke zu Halbzeug (Rund, Profil, Rohr oder Breit-Flach). Um abmessungsnah die Vorformen für die Endprodukte zu erhalten, kommen danach auch Kaltumformprozesse zur Anwendung (Walzen von Profilen, Rohren, Blechen, Bändern, Ziehen von Stabstahl und Draht, Blechdrücken oder Pressen von Tankböden). In Adjustagelinien werden die Halbzeuge entzundert, gerichtet, geschält, gereinigt und einer Innen- und Oberflächenprüfung unterzogen.

Wärmebehandeln
Angepasst an die chemische Zusammensetzung, die Wärmgut- bzw. Bauteilgröße und den Verwendungszweck wird eine Wärmebehandlung durchgeführt, meist unmittelbar nach dem Warmumformen. Bei Duplex-Stählen ist es wie bei den austenitischen Stählen ein Lösungsglühen bei üblicherweise 1000 bis 1100 °C, auch Homogenisieren genannt, da hierbei im Gefüge vorhandene Ausscheidungen aus vorgelagerten Produktionsschritten in Lösung gebracht werden. Ein schnelles Abkühlen verhindert erneute Ausscheidungen und sichert gleichzeitig, dass die in der ferritischen Matrix konzentrierten austenitischen Gefügebereiche bis zur Raumtemperatur stabil bleiben. So kann mit der Wärmebehandlung das gewünschte, ausgeglichene Zweiphasengefüge Ferrit-Austenit eingestellt werden.

Adjustagearbeiten
Alle weiteren Arbeitsschritte, die zwischen und am Ende der Fertigungskette zur Herstellung von Halbzeug aus Duplex-Stahl erfolgen, werden der Adjustage zugeordnet:

4 Herstellung

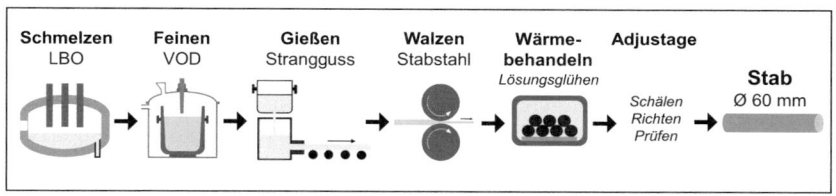

Abb. 4.1 Fertigungsfolge (vereinfacht) für die Herstellung eines Rundhalbzeuges aus dem Super-Duplex-Stahl 1.4501 (X2CrNiMoCuWN25-7-4). (Quelle: BGH Edelstahl Freital GmbH)

- *Trennen zur Erzielung der von den Kunden gewünschten Maße*
- *Bearbeiten der Schnittkanten, der Knüppel- und Stabenden*
- *Richten zur Sicherung der Geradheitsanforderungen*
- *Oberflächenbehandlung*
- *Qualitätskontrolle* (Zwischen- und Endkontrollen)
- *Endreinigen*
- *Signieren, Farbmarkieren oder Stempeln zur eindeutigen Identifizierung des Produktes*
- *Zwischenlagern*
- *Fertigmachen* (Konfektionieren)
- *Verpacken und Versenden*

Der Abb. 4.1 ist schematisch ein Beispiel einer Fertigungsfolge für die Herstellung eines Rundhalbzeuges aus dem Super-Duplex-Stahl 1.4501 (X2CrNiMoCuWN25-7-4) zu entnehmen.

Mechanische Bearbeitung

Je nach Form, Größe sowie Montagesituation des Fertigproduktes sind unterschiedliche Bearbeitungen am Halbzeug oder Bauteil erforderlich. Diese können z. B. sein: Kantenbearbeitung (Fräsen) an Blechen, Profilen, Rohren zur Vorbereitung von Schweißnähten, Bohren und Gewindeschneiden zur Herstellung von Verbindungen (z. B. an Flanschen, Behältern, Profilen für Tragkonstruktionen) oder Drehen von Präzisionsteilen z. B. für Ventile, Fittinge u. a. Hierzu sind die unter Kap. 3: *Gefüge und Eigenschaften* genannten Besonderheiten der Duplex-Stähle hinsichtlich ihrer Spanbarkeit zu beachten.

Oberflächenbehandlung
Die Duplex-Stähle haben eine schon sehr hohe Korrosionsbeständigkeit, die noch optimiert werden kann, wenn metallisch blanke Oberflächen vorliegen. Deshalb kann es für bestimmte Anwendungen vorteilhaft sein, am Fertigprodukt durch eine abschließende chemische Oberflächenbehandlung (Tauch- oder Sprühbeizen), durch Schleifen, Strahlen oder Bürsten eventuell vorhandene oxidische Schichten zu entfernen.

Anwendungen 5

Die Duplex-Stähle gewinnen ständig an Bedeutung, wie die industrielle Anwendung insbesondere des Duplex-Stahles 1.4462 (X2CrNiMoN22-5-3) zeigt. Einen ersten Eindruck zu den heute so vielfältigen und typischen Anwendungsbereichen von Duplex-Stahl vermittelt das Bildmosaik in Abb. 5.1.

Duplex-Stähle sind rost- und säurebeständig, weisen höhere Festigkeiten auf als austenitische Chrom-Nickel-Stähle, zeigen eine besseres Umformverhalten als ferritische Chromstähle und sind bei Temperaturen von -40 °C bis ca. 280 °C einsetzbar (Fajimi, 2016), (Baas, 2016), (ISSF, 2021). Deshalb fühlen sie sich besonders wohl – nachhaltig und langlebig – an salzhaltiger Luft und im Meerwasser, in Kontakt mit aggressiven Medien bei erhöhten Temperaturen und auch Drücken, unter Zug-, Druck- und dynamischer Belastung bei gleichzeitig hoher Korrosionsbeanspruchung. Nachfolgend einige Beispiele hierzu, Quellen: (ISSF-Publication, 2013), (Charles, 2014), (Steelinox, 2014), (Nickel Institut, 2020):

Öl- und Gasindustrie, chemische Anlagen

Die Einsatzbedingungen, wie Druck (z. B. extreme Meerestiefen), Temperatur, Chlor, Schwefelsäure, Laugen u. a. haben dazu geführt, dass die Öl- und Gasindustrie sowie die chemische Verfahrenstechnik die Hauptanwendungsbereiche für die Duplex- und Super-Duplex-Stähle darstellen, z. B. für: Förderrohre, Förderpumpen, Prozessventile, Druckgefäße, Filter, Schlauchverbindungen, Sammelleitungen, Steigrohre, Schutzwände, Kühler, Dampferzeuger, Behälter und Leitungen für Ätzlösungen, Kühlrippen, Trockner, Trommeln, Elastomer-Extruder, Staubsammler, Schlammtanks, Verdichter, Destillationskolonnen, Rührer, Wärmetauscher, Bauteile für Rauchgasentschwefelungsanlagen sowie Leitungen, Tanks und Ventile für Säuren, Laugen u. a. Chemikalien.

Abb. 5.1 Freiheitsstatue New York, La Sagrada Familia Barcelona (Fotos: Internet), Trumpf-Fußgängerbrücke Ditzingen (Foto: M. Petzold), Lagertank, Druckbehälter, Tunnelbau, Flansch, Ventile, Biogastanks, Tanklaster, Windkraftanlage auf See, Tankschiff, Offshore-Ölplattform (Fotos: Internet)

Energiegewinnung und -versorgung
In Kernkraftwerken mit den extrem hohen Sicherheitsstandards werden Duplex-Stähle mit sehr hoher Beständigkeit gegen Spannungsrisskorrosion und guten thermischen Eigenschaften beispielsweise für Kühlrohre verwendet. Und aus Duplex-Stahl bestehen die Fässer zur Endlagerung von radioaktivem Abfall.

Beim Thema der erneuerbaren Energien spielen auch die Duplex-Stähle eine gewichtige Rolle, z. B. für Biogas-Tanks, für Bohrlochköpfe bei Erderwärmungsanlagen, für Befestigungselemente bei Windkraftanlagen auf See oder für Traggestelle für Solarpaneele.

Papier- und Zellstofferzeugung
Für Kocher, Druckbehälter und Laugentanks werden heute austenitische und Duplex-Stähle in einer optimierten Kombination verwendet, um neben der Korrosionsbeständigkeit auch eine Beständigkeit gegen reibende Beanspruchung durch Holzschnitzel und Zellstoff zu erhalten.

Wasserwirtschaft
Hier bedingen der Direktkontakt mit Trink-, Ab- und Meerwasser und somit die Lebensdauer den zunehmenden Einsatz von Duplex-Stählen für Trinkwasserbehälter, Abwassertanks, Warmwasserspeicher und Meerwasserentsalzungsanlagen.

Küstenschutz
Beispiele betreffen Flutwände, Fluttore, Sperrwerke, Stauwerke und Molen bis hin zu Bauten direkt im Meerwasser z. B. für Stadterweiterungen, für die hochfester, langlebiger Betonstahl (Bewehrungsstahl) aus Duplex 1.4362 (X2CrNiN23-4) und 1.4462 (X2CrNiMoN22-5-3) eingesetzt wird. So kann gegenüber klassischem Betonstahl die Stahlmenge verringert und gleichzeitig die Lebensdauer erhöht werden.

Transportwesen
Hochkorrosionsbeständige Tanks meist mit Doppelhüllen für Tankschiffe, Straßentanklaster und Eisenbahnwaggons sind Anwendungsbeispiele für Duplex-Stahl. Interessant ist, dass der Duplex-Stahl 1.4162 (X2CrMnNiN22-5-2) auch für Schüttgutwaggons für den Erztransport in Kiruna, Schweden, verbaut wird (Kiruna Wagon News, 2018).

Brücken (für Straßen, Schienen und Fußgänger)
Hier spielen die Lebensdauer, Standsicherheit, minimale Unterhaltskosten und attraktive Oberflächen eine wichtige Rolle. So kommen Produkte wie Hohlprofile, Zugstäbe, Bewehrungsstahl, Bleche und Verbindungsmittel aus Duplex-Stählen zum Einsatz. Ein schönes Beispiel ist die Trumpf-Fußgängerbrücke in Ditzingen (siehe Abb. 5.1 oben rechts).

Tunnel (für Straßen und Eisenbahnen)
Tunnel sind extrem korrosiven Belastungen durch Hitze, Feuchtigkeit, Abgase und Streusalzeinsatz ausgesetzt. Und sie müssen brandsicher, langlebig sowie wartungsarm sein. Betonanker, Unterkonstruktionen und Wandverkleidungen werden deshalb vor allem aus Duplex-Stahl 1.4462 (X2CrNiMoN22-5-3) hergestellt und eingebaut.

Architektur und Kunst
Suchen Architekten und Künstler für ihre Projekte besonders feste, dauerhafte und optisch ansprechende Werkstoffe, finden sie immer mehr Gefallen an Duplex-Stahl. Als Beispiele seien genannt: Skulptur „Arches of Oman" in Muscat, „The Runners" in Chicago, die Doppelkuppel des Louvre Abu Dhabi oder das wellenförmige Dach des Flughafens Doha, Katar.

Auch unsichtbar gewährleistet der Duplex-Stahl „lasttragend" eine hohe Lebensdauer von Gebäuden. So wird der 1.4462 (X2CrNiMoN22-5-3) als Bewehrungsstahl zur Vollendung der Turmspitzen der „La Sagrada Familia", der weltberühmten Basilika in Barcelona, eingebaut. Und ein besonders interessantes, monumentales Anwendungsbeispiel stellt die Instandsetzung der inneren Tragkonstruktion der Freiheitsstatue in New York dar. Als Geschenk des französischen Volkes wurde sie am 28.10.1886 eingeweiht. Sie ist 46,05 m hoch (mit Sockel 92,99 m) und 204 t schwer (davon 27,22 t Kupfer). Die Besucher gelangen mit einem Aufzug im Steinsockel zum Fuß der Figur der Libertas (römische Göttin der Freiheit). Über eine Wendeltreppe ist die Aussichtsplattform im Kopf erreichbar. Erste Renovierungsarbeiten erfolgten um 1938, später dann Anfang der 1980er Jahre. Ein großer Teil der inneren Stahlkonstruktion musste ersetzt werden. Dazu wurden sowohl der nichtrostende Stahl 1.4404 (X2CrNiMo17-12-2) als auch der hochkorrosionsbeständige Duplex-Stahl 1.4507 (X2CrNiMoCuN25-6-3) verwendet.

Diese Aufzählung ist nicht vollständig. So werden Duplex-Stähle auch in der **Lebensmittelindustrie,** bei der **Erzeugung von Biokraftstoffen** sowie *im Maschinen- und Fahrzeugbau* eingesetzt. Dabei stehen sie mit den bekannten nichtrostenden Edelstählen nicht unmittelbar im Wettbewerb, sondern ergänzen diese. Und die Zukunft bietet den Duplex-Stählen, 100 %ig recycelbar und mit besonderen Eigenschaften, genügend Potenzial für Entwicklungen und neue Einsatzgebiete, vor allem für nachhaltige Technologien, wie z. B. Wasserstofftechnologien, Erzeugung synthetischer Kraftstoffe, in der additiven Fertigung (3D-Druck) sowie bei Sonderanwendungen z. B. in der Medizintechnik und Luftfahrt.

Werkstoffdaten 6

Nachfolgend werden relevante Werkstoffdaten für Duplex-Stähle zusammengefasst, wie:

- *äquivalente Normen und Bezeichnungen, übliche Handelsnamen*
- *chemische Zusammensetzungen (Richtanalysen)*
- *physikalische Eigenschaften*
- *mechanische Eigenschaften*
- *thermische Behandlungen (Warmumformen, Lösungsglühen)*
- *Anwendungen*

Für diese Auswahl wurden die in der Praxis häufigsten und gängigsten Duplex-Stähle herangezogen, die den erwähnten Sorten zuordenbar sind. Als Quellen dienten Daten zu den Werkstoffen gemäß der gültigen Norm EN10088-3 sowie aus Werkstoffdatenblättern der Stahlhersteller und Stahlhändler, aus dem Stahlschlüssel (Wegst & Wegst, 2019) und aus Publikationen wie z. B. (ISSF, 2021), (Steelinox, 2014), (Euro Inox, 2007) und (Nickel Institut, 2020).

Hinweis

Die in den nachfolgenden Datenblättern eingetragenen Werte, z. B. für die mechanischen Eigenschaften, sind nur als Richtwerte anzusehen und nicht einer speziellen Halbzeugform (Blech, Stab, Draht, Rohr) zuordenbar.

Die Stahlhersteller weisen in ihren Werkstoffdatenblättern oft nur einen Wert oder engere Toleranzen für die Gehalte an Legierungselementen aus, als es die Richtwerte der Norm EN 10088-3 zulassen. Auf diese Herstellerangaben kann im Rahmen dieses *essential* nicht eingegangen werden, ebenso nicht auf herstellerspezifische Angaben zu weiteren Eigenschaften des jeweiligen Duplexstahls, wie

© Der/die Autor(en), exklusiv lizenziert an Springer Fachmedien Wiesbaden GmbH, ein Teil von Springer Nature 2022
J. Schlegel, *Duplex-Stahl*, essentials,
https://doi.org/10.1007/978-3-658-37610-9_6

z. B. Schleifbarkeit und Bearbeitbarkeit sowie auf Empfehlungen zum Umformen und zum Schweißen.

1.4424 (X2CrNiMoSiMnN19-5-3-2-2)

Duplex-Stahl der ersten Generation: Chrom-Nickel-Molybdän-Silizium-Mangan-Stickstoff-Edelstahl mit hoher Korrosionsbeständigkeit, vor allem mit sehr hohem Widerstand gegen Spannungsrisskorrosion, mit hoher Festigkeit, guter Schweißbarkeit und relativ geringer Wärmeleitfähigkeit

Übliche Handelsnamen: **3RE60** (Sandvik)

Äquivalente Normen und Bezeichnungen:

Deutschland:	EN 10088-3	1.4424 (X2CrNiMoSiMnN19-5-3-2-2)	*UNS:*		S31500
USA:	AISI / ASTM	301LN	*England:*	BS	
Japan:	JIS		*Schweden:*	SS	2376
Frankreich:	AFNOR	Z2CND18-05-03	*Russland:*	GOST	

Richtanalyse (in Masse-%):

	C	Si	Mn	P	S	Cr	Ni	Mo	W	Cu	N	PREN
min.	-	1,40	1,20	-	-	18,0	4,50	2,50	-	-	0,05	27
max.	0,030	2,00	2,00	0,035	0,015	19,0	5,20	3,00	-	-	0,10	

Physikalische Eigenschaften bei 20 °C

Dichte ρ	Spezif. Wärmekapazität c	Wärmeleitfähigkeit λ	Elektr. Widerstand R
7,85 g/cm³	480 J/kg·K	13 W/m·K	0,33 Ω·mm²/m

Mechanische Eigenschaften bei 20 °C, lösungsgeglüht

Härte	Streckgrenze $R_{p0,2}$	Zugfestigkeit R_m	Dehnung A_5	Elastizitätsmodul E
≤ 260 HB	≥ 450 N/mm²	680 - 900 N/mm²	≥ 25 %	200 kN/mm²

Kerbschlagarbeit KV (längs): 100 J

Thermische Behandlung:		*Abkühlung:*
Warmumformen	1000 bis 1200 °C	Luft
Lösungsglühen	1000 bis 1100 °C	Wasser, Luft

Hinweis zur spanenden Bearbeitung:
Duplex-Gefüge, hohe Festigkeit und geringe Wärmeleitfähigkeit bedingen hohe Anforderungen an die Zerspanung, Einsatz von Werkzeugen aus hochwertigem Schnellarbeitsstahl (gute Kühlung!) empfohlen.

Empfohlener Schweißzusatzwerkstoffe:

Anwendungen:
Chemische und petrolchemische Industrie, Druckbehälter, Rohrleitungen, Wärmetauscher, Ladetanks für Schiffe und LKW, Anlagen zur Lebensmittelverarbeitung und zur Erzeugung biologischer Brennstoffe

1.4460 (X3CrNiMoN27-5-2)

Duplex-Stahl der ersten Generation: Chrom-Nickel-Molybdän-Stickstoff-Edelstahl mit verbesserter Zerspanbarkeit und sehr guter Korrosionsbeständigkeit in chloridhaltiger Umgebung, besonders beständig gegen Lochfraß, Spalt- und Spannungsrisskorrosion, besitzt hohe Festigkeit und Zähigkeit

Übliche Handelsnamen: **10RE51** (Sandvik)

Äquivalente Normen und Bezeichnungen:

Deutschland:	EN 10088-3	1.4460 (X3CrNiMoN27-5-2)		UNS:		S32900
USA:	AISI / ASTM	AISI 329		England:	BS	
Japan:	JIS			Schweden:	SS	2324
Frankreich:	AFNOR	Z2CND27-05Az		Russland:	GOST	

Richtanalyse (in Masse-%):

	C	Si	Mn	P	S	Cr	Ni	Mo	W	Cu	N	PREN
min.	-	-	-	-	-	25,0	4,50	1,30	-		0,05	30 - 31
max.	0,050	1,00	2,00	0,035	0,015	28,0	6,50	2,00	-		0,20	

Physikalische Eigenschaften bei 20 °C

Dichte ρ	Spezif. Wärmekapazität c	Wärmeleitfähigkeit λ	Elektr. Widerstand R
7,80 g/cm^3	500 J/kg·K	15 W/m·K	0,80 Ω·mm^2/m

Mechanische Eigenschaften bei 20 °C, lösungsgeglüht

Härte	Streckgrenze $R_{p0,2}$	Zugfestigkeit R_m	Dehnung A_5	Elastizitätsmodul E
≤ 260 HB	≥ 450 N/mm^2	620 - 800 N/mm^2	≥ 20 %	200 kN/mm^2

Kerbschlagarbeit KV (längs): ≥ 85 J

Thermische Behandlung:		*Abkühlung:*
Warmumformen	950 bis 1200 °C	Luft
Lösungsglühen	1020 bis 1100 °C	Wasser, Luft

Hinweis zur spanenden Bearbeitung:
Duplex-Gefüge, hohe Festigkeit und geringe Wärmeleitfähigkeit bedingen hohe Anforderungen an die Zerspanung, Einsatz von Werkzeugen aus hochwertigem Schnellarbeitsstahl (gute Kühlung!) empfohlen.

Anwendungen:
Einsatz bei hoher chemischer und mechanischer Belastung, z. B. im Schiffbau, für Verdichterräder, Chemietanks, Flansche, Fittings u. a. in der Öl- und Gasindustrie, Papierindustrie, Medizintechnik

1.4062 (X2CrNiN22-2)

Lean-Duplex-Stahl: Chrom-Nickel-Stickstoff-Edelstahl mit guter Korrosionsbeständigkeit (vgl. 304L – 1.4307 bei höheren Temperaturen und 316L – 1.4404 bei Raumtemperatur), mit erhöhter Festigkeit, einsetzbar bei -50 °C bis 300 °C, zeigt gute Beständigkeit gegen Spannungsrisskorrosion

Übliche Handelsnamen: **DX2202** (Aperam), **Typ 2202, UGIGRIP®** (Ugitech)

Äquivalente Normen und Bezeichnungen:

Deutschland:	EN 10088-3 1.4062 (X2CrNiN22-2)	*UNS:*	S32202
USA:	AISI / ASTM	*England:*	BS
Japan:	JIS	*Schweden:*	SS
Frankreich:	AFNOR	*Russland:*	GOST

Richtanalyse (in Masse-%):

	C	Si	Mn	P	S	Cr	Ni	Mo	W	Cu	N	PREN
min.	-	-	-	-	-	21,0	1,50	-	-	-	0,16	25 - 28
max.	0,030	1,00	2,00	0,040	0,010	23,8	2,90	0,45	-	-	0,28	

Physikalische Eigenschaften bei 20 °C

Dichte ρ	Spezif. Wärmekapazität c	Wärmeleitfähigkeit λ	Elektr. Widerstand R
7,85 g/cm³	480 J/kg·K	15 W/m·K	0,68 $\Omega \cdot mm^2/m$

Mechanische Eigenschaften bei 20 °C, lösungsgeglüht

Härte	Streckgrenze $R_{p0,2}$	Zugfestigkeit R_m	Dehnung A_5	Elastizitätsmodul E
≤ 290 HB	≥ 380 N/mm²	650 - 900 N/mm²	≥ 30 %	200 kN/mm²

Kerbschlagarbeit KV (längs): ≥ 40 J

Thermische Behandlung:		*Abkühlung:*
Warmumformen	950 bis 1100 °C	Luft
Lösungsglühen	980 bis 1100 °C	Wasser, Luft

Hinweis zur spanenden Bearbeitung:

Duplex-Gefüge, hohe Festigkeit und geringe Wärmeleitfähigkeit bedingen hohe Anforderungen an die Zerspanung, Einsatz von Werkzeugen aus hochwertigem Schnellarbeitsstahl (gute Kühlung!) empfohlen.

Anwendungen:

Bauwesen, Fußgängerbrücken, Trinkwassersysteme, Meerwasserentsalzungsanlagen, Papier- und Zellstoffindustrie, Öltanks, Fruchtsafttanks, PKW-Teile, Brauchwasserspeicher

1.4162 (X2CrMnNiN22-5-2)

Lean-Duplex-Stahl: Chrom-Mangan-Nickel-Stickstoff-Edelstahl mit Zusatz von Molybdän und Kupfer, mit sehr guter Korrosionsbeständigkeit (besser als 304L – 1.4307), mit guten mechanischen Eigenschaften, guter Dauerfestigkeit und guter Schweißbarkeit, ist polierfähig, nicht meerwasserbeständig

Übliche Handelsnamen: LDX 2101® (Outokumpu Stainless)

Äquivalente Normen und Bezeichnungen:

Deutschland:	EN 10088-3	1.4162 (X2CrMnNiN22-5-2)	UNS:	S32101
USA:	AISI / ASTM		England:	BS
Japan:	JIS		Schweden:	SS
Frankreich:	AFNOR		Russland:	GOST

Richtanalyse (in Masse-%):

	C	Si	Mn	P	S	Cr	Ni	Mo	W	Cu	N	PREN
min.	-	-	4,00	-	-	21,0	1,35	0,10	-	0,10	0,20	25 - 27
max.	0,040	1,00	6,00	0,040	0,015	22,0	1,70	0,80	-	0,80	0,25	

Physikalische Eigenschaften bei 20 °C

Dichte ρ	Spezif. Wärmekapazität c	Wärmeleitfähigkeit λ	Elektr. Widerstand R
7,8 g/cm^3	500 J/kg·K	15 W/m·K	0,80 Ω·mm^2/m

Mechanische Eigenschaften bei 20 °C, lösungsgeglüht

Härte	Streckgrenze $R_{p0,2}$	Zugfestigkeit R_m	Dehnung A_5	Elastizitätsmodul E
≤ 290 HB	≥ 400 N/mm^2	650 - 900 N/mm^2	≥ 25 %	200 kN/mm^2

Kerbschlagarbeit KV (längs): ≥ 60 J

Thermische Behandlung:

		Abkühlung:
Warmumformen	900 bis 1100 °C	Luft
Lösungsglühen	1020 bis 1100 °C	Wasser, Luft

Hinweis zur spanenden Bearbeitung:

Duplex-Gefüge, hohe Festigkeit und geringe Wärmeleitfähigkeit bedingen hohe Anforderungen an die Zerspanung, Einsatz von Werkzeugen aus hochwertigem Schnellarbeitsstahl (gute Kühlung!) empfohlen.

Anwendungen:

Chemieindustrie, Papier- und Zellstoffindustrie, Öl- und Gasindustrie, Behälterbau, Lagertanks, Bauindustrie (Bauteile für Schleusen, Brücken, Bewehrungsstäbe), Wasseraufbereitung

1.4362 (X2CrNiN23-4)

Lean-Duplex-Stahl: Chrom-Nickel-Stickstoff-Edelstahl mit geringem Zusatz an Molybdän und Kupfer, mit guter Beständigkeit gegen allgemeine Korrosion und Spannungsrisskorrosion, mit sehr hoher Streckgrenze und guter Schweißbarkeit, bis 300 °C verwendbar

Übliche Handelsnamen: EDX 2304, Alloy 2304, V234N (Valbruna)

Äquivalente Normen und Bezeichnungen:

Deutschland:	EN 10088-3	1.4362 (X2CrNiN23-4)	UNS:		S32304
USA:	AISI / ASTM		England:	BS	
Japan:	JIS		Schweden:	SS	2304
Frankreich:	AFNOR	Z2CN23-04Az	Russland:	GOST	

Richtanalyse (in Masse-%):

	C	Si	Mn	P	S	Cr	Ni	Mo	W	Cu	N	PREN
min.	-	-	-	-	-	22,0	3,50	0,10	-	0,10	0,05	25 - 28
max.	0,030	1,00	2,00	0,035	0,015	24,0	4,50	0,60	-	0,60	0,20	

Physikalische Eigenschaften bei 20 °C

Dichte ρ	Spezif. Wärmekapazität c	Wärmeleitfähigkeit λ	Elektr. Widerstand R
7,8 g/cm^3	500 J/kg·K	15 W/m·K	0,80 Ω·mm^2/m

Mechanische Eigenschaften bei 20 °C, lösungsgeglüht

Härte	Streckgrenze $R_{p0,2}$	Zugfestigkeit R_m	Dehnung A_5	Elastizitätsmodul E
$\leq$ 260 HB	$\geq$ 400 N/mm^2	600 - 830 N/mm^2	$\geq$ 25 %	200 kN/mm^2

Kerbschlagarbeit KV (längs): $\geq$ 100 J

Thermische Behandlung:		Abkühlung:
Warmumformen	1000 bis 1200 °C	Luft
Lösungsglühen	950 bis 1050 °C	Wasser, Luft

Hinweis zur spanenden Bearbeitung:

Duplex-Gefüge, hohe Festigkeit und geringe Wärmeleitfähigkeit bedingen hohe Anforderungen an die Zerspanung, Einsatz von Werkzeugen aus hochwertigem Schnellarbeitsstahl (gute Kühlung!) empfohlen.

Anwendungen:

Chemieindustrie, Papier- und Zellstoffindustrie, Öl- und Gasindustrie, Bauindustrie, Schiffbau, Behälterbau, Lagertanks

1.4482 (X2CrMnNiMoN21-5-3)

Lean-Duplex-Stahl: Chrom-Mangan-Nickel-Molybdän-Stickstoff-Edelstahl mit guter Beständigkeit gegen allgemeine Korrosion, mit guten mechanischen Eigenschaften, insbesondere zum Schmieden geeignet

Übliche Handelsnamen: Nitronic®19-D (AK Steel), Alloy 19D
Äquivalente Normen und Bezeichnungen:

Deutschland:	EN 10088-3	1.4482 (X2CrMnNiMoN21-5-3)	UNS:	S32001
USA:	AISI / ASTM	A240	England:	BS
Japan:	JIS		Schweden:	SS
Frankreich:	AFNOR		Russland:	GOST

Richtanalyse (in Masse-%):

	C	Si	Mn	P	S	Cr	Ni	Mo	W	Cu	N	PREN
min.	-	-	4,00	-	-	19,5	1,50	0,10	-	-	0,05	21 - 23
max.	0,030	1,00	6,00	0,035	0,030	21,5	3,50	0,60	-	1,00	0,20	

Physikalische Eigenschaften bei 20 °C

Dichte ρ	Spezif. Wärmekapazität c	Wärmeleitfähigkeit λ	Elektr. Widerstand R
7,85 g/cm^3	500 J/kg·K	13 W/m·K	0,80 Ω·mm^2/m

Mechanische Eigenschaften bei 20 °C, lösungsgeglüht

Härte	Streckgrenze $R_{p0,2}$	Zugfestigkeit R_m	Dehnung A_5	Elastizitätsmodul E
$\leq$ 290 HB	$\geq$ 400 N/mm^2	650 - 900 N/mm^2	$\geq$ 25 %	200 kN/mm^2

Kerbschlagarbeit KV (längs): $\geq$ 60 J

Thermische Behandlung:		*Abkühlung:*
Warmumformen	950 bis 1150 °C	Luft
Lösungsglühen	950 bis 1050 °C	Wasser, Luft

Hinweis zur spanenden Bearbeitung:
Duplex-Gefüge, hohe Festigkeit und geringe Wärmeleitfähigkeit bedingen hohe Anforderungen an die Zerspanung, Einsatz von Werkzeugen aus hochwertigem Schnellarbeitsstahl (gute Kühlung!) empfohlen.

Anwendungen:
Offshore-Industrie, Öl- und Gasindustrie, Chemie- und Lebensmittelindustrie, Wärmetauscher, Hydrometallurgie, Zellstoffindustrie, Seewasseranlagen

1.4669 (X2CrCuNiN23-2-2)

Lean-Duplex-Stahl: Chrom-Kupfer-Nickel-Stickstoff-Edelstahl mit guter Beständigkeit gegen allgemeine Korrosion, mit hoher Festigkeit und niedrigen Kosten

Übliche Handelsnamen:

Äquivalente Normen und Bezeichnungen:

Deutschland:	EN 10088-3	1.4669 (X2CrCuNiN23-2-2)	*UNS:*	
USA:	AISI / ASTM		*England:*	BS
Japan:	JIS		*Schweden:*	SS
Frankreich:	AFNOR		*Russland:*	GOST

Richtanalyse (in Masse-%):

	C	Si	Mn	P	S	Cr	Ni	Mo	W	Cu	N	PREN
min.	-	-	1,00	-	-	21,5	1,00	-	-	1,60	0,12	25 - 27
max.	0,045	1,00	3,00	0,040	0,030	24,0	3,00	0,50	-	3,00	0,20	

Physikalische Eigenschaften bei 20 °C

Dichte ρ	Spezif. Wärmekapazität c	Wärmeleitfähigkeit λ	Elektr. Widerstand R
7,8 g/cm^3	500 J/kg·K	15 W/m·K	0,80 Ω·mm^2/m

Mechanische Eigenschaften bei 20 °C, lösungsgeglüht

Härte	Streckgrenze $R_{p0,2}$	Zugfestigkeit R_m	Dehnung A_5	Elastizitätsmodul E
≤ 300 HB	≥ 400 N/mm^2	650 - 900 N/mm^2	≥ 25 %	200 kN/mm^2

Kerbschlagarbeit KV (längs): ≥ 100 J

Thermische Behandlung:		*Abkühlung:*
Warmumformen	1000 bis 1200 °C	Luft
Lösungsglühen	950 bis 1100 °C	Wasser, Luft

Hinweis zur spanenden Bearbeitung:

Duplex-Gefüge, hohe Festigkeit und geringe Wärmeleitfähigkeit bedingen hohe Anforderungen an die Zerspanung, Einsatz von Werkzeugen aus hochwertigem Schnellarbeitsstahl (gute Kühlung!) empfohlen.

Anwendungen:
Bauwesen, Werkzeuge, Komponenten für Schiffbau, Automobilbau, Maschinen und Geräte

1.4662 (X2CrNiMnMoCuN24-4-3-2)

Lean-Duplex-Stahl: Chrom-Nickel-Mangan-Molybdän-Kupfer-Stickstoff-Edelstahl mit hoher Beständigkeit gegen allgemeine Korrosion, Lochfraß-, Spalt- und Spannungsrisskorrosion, mit guten mechanischen Eigenschaften und guter Schweißbarkeit

Übliche Handelsnamen: Forta LDX 2404 (Outokumpu)

Äquivalente Normen und Bezeichnungen:

Deutschland:	EN 10088-3	1.4662 (X2CrNiMnMoCuN24-4-3-2)	*UNS:*		S82441
USA:	AISI / ASTM	A240/A240M	*England:*		BS
Japan:	JIS		*Schweden:*		SS
Frankreich:	AFNOR		*Russland:*		GOST

Richtanalyse (in Masse-%):

	C	Si	Mn	P	S	Cr	Ni	Mo	W	Cu	N	PREN
min.	-	-	2,50	-	-	23,0	3,00	1,00	-	0,10	0,20	33 - 34
max.	0,030	0,70	4,50	0,035	0,005	25,0	4,50	2,00	-	0,80	0,30	

Physikalische Eigenschaften bei 20 °C

Dichte ρ	Spezif. Wärmekapazität c	Wärmeleitfähigkeit λ	Elektr. Widerstand R
7,8 g/cm^3	500 J/kg·K	15 W/m·K	0,80 $\Omega \cdot mm^2/m$

Mechanische Eigenschaften bei 20 °C, lösungsgeglüht

Härte	Streckgrenze $R_{p0,2}$	Zugfestigkeit R_m	Dehnung A_5	Elastizitätsmodul E
≤ 290 HB	≥ 450 N/mm^2	650 - 900 N/mm^2	≥ 25 %	200 kN/mm^2

Kerbschlagarbeit KV (längs): ≥ 60 J

Thermische Behandlung:		*Abkühlung:*
Warmumformen	950 bis 1150 °C	Luft
Lösungsglühen	1000 bis 1150 °C	Wasser, Luft

Hinweis zur spanenden Bearbeitung:
Duplex-Gefüge, hohe Festigkeit und geringe Wärmeleitfähigkeit bedingen hohe Anforderungen an die Zerspanung, Einsatz von Werkzeugen aus hochwertigem Schnellarbeitsstahl (gute Kühlung!) empfohlen.

Anwendungen:
Öl- und Gasindustrie, Lagertanks, Zellstoff- und Papierindustrie, Chemieindustrie, Heizkessel und Warmwasserbereiter, Entsalzungsanlagen, Architekturelemente, Schiffbau, Hochdruckrohrleitungen, Geräte für Lebensmittelverarbeitung

1.4462 (X2CrNiMoN22-5-3)

Standard-Duplex-Stahl: Chrom-Nickel-Molybdän-Stickstoff-Edelstahl mit ausgezeichneter Korrosionsbeständigkeit, mit guten mechanischen Eigenschaften, guter Schweißbarkeit und Polierbarkeit (vgl. modifizierten Duplex 1.4462 – S32205)

Übliche Handelsnamen: REMANIT 4462 (thyssenkrupp), V225MN (Valbruna), SAF 2205™ (Sandvik), ACIDUR 4462 (DEW)

Äquivalente Normen und Bezeichnungen:

Deutschland:	EN 10088-3	1.4462 (X2CrNiMoN22-5-3)	*UNS:*	S31803
USA:	AISI / ASTM	318LN	*England:* BS	318S13
Japan:	JIS	SUS329J3L	*Schweden:* SS	2377
Frankreich:	AFNOR	Z3CND22-05Az	*Russland:*	GOST

Richtanalyse (in Masse-%):

	C	Si	Mn	P	S	Cr	Ni	Mo	W	Cu	N	PREN
min.	-	-	-	-	-	21,0	4,50	2,50	-	-	0,10	33 - 35
max.	0,030	1,00	2,00	0,035	0,015	23,0	6,50	3,50	-	-	0,22	

Physikalische Eigenschaften bei 20 °C

Dichte ρ	Spezif. Wärmekapazität c	Wärmeleitfähigkeit λ	Elektr. Widerstand R
7,8 g/cm³	500 J/kg·K	15 W/m·K	0,80 Ω·mm²/m

Mechanische Eigenschaften bei 20 °C, lösungsgeglüht

Härte	Streckgrenze $R_{p0,2}$	Zugfestigkeit R_m	Dehnung A_5	Elastizitätsmodul E
≤ 290 HB	≥ 450 N/mm²	650 - 900 N/mm²	≥ 25 %	200 kN/mm²

Kerbschlagarbeit KV (längs): ≥ 60 J

Thermische Behandlung:		Abkühlung:
Warmumformen	950 bis 1150 °C	Luft
Lösungsglühen	1000 bis 1150 °C	Wasser, Luft

Hinweis zur spanenden Bearbeitung:

Duplex-Gefüge, hohe Festigkeit und geringe Wärmeleitfähigkeit bedingen hohe Anforderungen an die Zerspanung, Einsatz von Werkzeugen aus hochwertigem Schnellarbeitsstahl (gute Kühlung!) empfohlen.

Anwendungen:
Offshore-Industrie, Chemieindustrie, Energietechnik, Lebensmitteltechnik, Anlagen-, Maschinen- und Armaturenbau, Umwelttechnik, Bauindustrie, Unterwasserturbinen, Pumpenkolben

1.4462 (X2CrNiMoN22-5-3)

Standard-Duplex-Stahl: Chrom-Nickel-Molybdän-Stickstoff-Edelstahl, im Vergleich zu 1.4462 – S31803 etwas modifizierter Duplex-Stahl (S32205) mit noch höherer Korrosionsbeständigkeit, mit guten mechanischen Eigenschaften, guter Schweißbarkeit und Polierbarkeit

Übliche Handelsnamen: Duplex 2205, Grade 2205, V225MN (Valbruna), A903 (Böhler), SAF 2205™ (Sandvik)

Äquivalente Normen und Bezeichnungen:

Deutschland:	EN 10088-3	1.4462 (X2CrNiMoN22-5-3)	UNS:		S32205
USA:	AISI / ASTM	A479	England:	BS	318S13
Japan:	JIS	SUS329J3L	Schweden:	SS	2377
Frankreich:	AFNOR	Z2CND18-05-03	Russland:	GOST	

Richtanalyse (in Masse-%):

	C	Si	Mn	P	S	Cr	Ni	Mo	W	Cu	N	PREN
min.	-	-	-	-	-	22,0	4,50	3,00	-	-	0,14	35 - 36
max.	0,030	1,00	2,00	0,030	0,020	23,0	6,50	3,50	-	-	0,20	

Physikalische Eigenschaften bei 20 °C

Dichte ρ	Spezif. Wärmekapazität c	Wärmeleitfähigkeit λ	Elektr. Widerstand R
7,82 g/cm³	500 J/kg·K	15 W/m·K	0,85 $\Omega \cdot mm^2/m$

Mechanische Eigenschaften bei 20 °C, lösungsgeglüht

Härte	Streckgrenze $R_{p0,2}$	Zugfestigkeit R_m	Dehnung A_5	Elastizitätsmodul E
≤ 270 HB	≥ 450 N/mm²	650 - 880 N/mm²	≥ 25 %	200 kN/mm²

Kerbschlagarbeit KV (längs): ≥ 80 J

Thermische Behandlung:		Abkühlung:
Warmumformen	950 bis 1200 °C	Luft
Lösungsglühen	1020 bis 1100 °C	Wasser, Luft

Hinweis zur spanenden Bearbeitung:

Duplex-Gefüge, hohe Festigkeit und geringe Wärmeleitfähigkeit bedingen hohe Anforderungen an die Zerspanung, Einsatz von Werkzeugen aus hochwertigem Schnellarbeitsstahl (gute Kühlung!) empfohlen.

Anwendungen:

Offshore-Industrie, Chemieindustrie, Energietechnik, Lebensmitteltechnik (z. B. Spirituosentanks), Anlagen-, Papiermaschinen- und Armaturenbau, Umwelttechnik, Bauindustrie

1.4507 (X2CrNiMoCuN25-6-3)

Duplex-Stahl mit 25 Masse-% Chrom: Chrom-Nickel-Molybdän-Kupfer-Stickstoff-Edelstahl mit einem sehr hohen PREN-Wert von über 40, besitzt somit ausgezeichnete Korrosionsbeständigkeit bei einer Mindeststreckgrenze von 550 N/mm² (vgl. modifizierten Duplex-Stahl 1.4507 – S32550)

Übliche Handelsnamen: URANUS 52N (Creusot-Loire), Ferrinox 255, Alloy F255

Äquivalente Normen und Bezeichnungen:

Deutschland:	EN 10088-3	1.4507 (X2CrNiMoCuN25-6-3)	*UNS:*	S32520
USA:	AISI / ASTM		*England:*	BS
Japan:	JIS		*Schweden:*	SS
Frankreich:	AFNOR	Z3CNDU25-07Az	*Russland:*	GOST

Richtanalyse (in Masse-%):

	C	Si	Mn	P	S	Cr	Ni	Mo	W	Cu	N	PREN
min.	-	-	-	-	-	24,0	6,00	3,00	-	1,00	0,20	40 - 43
max.	0,030	0,70	2,00	0,035	0,015	26,0	8,00	4,00	-	2,50	0,30	

Physikalische Eigenschaften bei 20 °C

Dichte ρ	Spezif. Wärmekapazität c	Wärmeleitfähigkeit λ	Elektr. Widerstand R
7,85 g/cm³	500 J/kg·K	18 W/m·K	0,95 Ω·mm²/m

Mechanische Eigenschaften bei 20 °C, lösungsgeglüht

Härte	Streckgrenze $R_{p0,2}$	Zugfestigkeit R_m	Dehnung A_5	Elastizitätsmodul E
≤ 270 HB	≥ 500 N/mm²	700 - 900 N/mm²	≥ 25 %	190 kN/mm²

Kerbschlagarbeit KV (längs): ≥ 100 J

Thermische Behandlung:

		Abkühlung:
Warmumformen	1000 bis 1200 °C	Luft
Lösungsglühen	1040 bis 1120 °C	Wasser

Hinweis zur spanenden Bearbeitung:
Duplex-Gefüge, hohe Festigkeit und geringe Wärmeleitfähigkeit bedingen hohe Anforderungen an die Zerspanung, Einsatz von Werkzeugen aus hochwertigem Schnellarbeitsstahl (gute Kühlung!) empfohlen.

Anwendungen:
Chemieindustrie, Öl- und Petrochemie, Komponenten für Zellstoff- und Papierindustrie, Anlagenbau, Maschinenbau, Umwelttechnik, z. B. Abwasserbehandlungsanlagen

1.4507 (X2CrNiMoCuN25-6-3)

Duplex-Stahl mit 25 Masse-% Chrom: Chrom-Nickel-Molybdän-Kupfer-Stickstoff-Edelstahl mit sehr hohem PREN-Wert von ca. 40, besitzt somit eine sehr hohe Korrosionsbeständigkeit bei Mindeststreckgrenze von 550 N/mm^2 sowie gute Duktilität bei hoher Dauerfestigkeit (vgl. 1.4507 - S32520)

Übliche Handelsnamen: F51

Äquivalente Normen und Bezeichnungen:

Deutschland:	EN 10088-3	1.4507 (X2CrNiMoCuN25-6-3)	*UNS:*		S32550
USA:	AISI / ASTM		*England:*	BS	
Japan:	JIS		*Schweden:*	SS	
Frankreich:	AFNOR		*Russland:*	GOST	

Richtanalyse (in Masse-%):

	C	Si	Mn	P	S	Cr	Ni	Mo	W	Cu	N	PREN
min.	-	-	-	-	-	24,0	4,50	2,90	-	1,50	0,10	38 - 41
max.	0,040	1,00	1,50	0,040	0,030	27,0	6,50	3,90	-	2,50	0,25	

Physikalische Eigenschaften bei 20 °C

Dichte ρ	Spezif. Wärmekapazität c	Wärmeleitfähigkeit λ	Elektr. Widerstand R
7,81 g/cm^3	500 J/kg·K	18 W/m·K	0,95 Ω·mm^2/m

Mechanische Eigenschaften bei 20 °C, lösungsgeglüht

Härte	Streckgrenze $R_{p0,2}$	Zugfestigkeit R_m	Dehnung A_5	Elastizitätsmodul E
≤ 270 HB	≥ 500 N/mm^2	700 - 900 N/mm^2	≥ 25 %	190 kN/mm^2

Kerbschlagarbeit KV (längs): ≥ 100 J

Thermische Behandlung:		Abkühlung:
Warmumformen	1000 bis 1200 °C	Luft
Lösungsglühen	1040 bis 1120 °C	Wasser

Hinweis zur spanenden Bearbeitung:

Duplex-Gefüge, hohe Festigkeit und geringe Wärmeleitfähigkeit bedingen hohe Anforderungen an die Zerspanung, Einsatz von Werkzeugen aus hochwertigem Schnellarbeitsstahl (gute Kühlung!) empfohlen.

Anwendungen:

Chemieindustrie, Öl- und Petrochemie, Komponenten für Zellstoff- und Papierindustrie, Anlagenbau, Maschinenbau, Umwelttechnik, z. B. Abwasserbehandlungsanlagen

1.4410 (X2CrNiMoN25-7-4)

Super-Duplex-Stahl: Chrom-Nickel-Molybdän-Stickstoff-Edelstahl mit ausgezeichneten Eigenschaften gegen Korrosion in chloridhaltigen Medien und in Seewasser, mit einer hohen Festigkeit, wird dort eingesetzt, wo Standard-Duplex-Stähle, wie z. B. der 1.4462, nicht genügen.

Übliche Handelsnamen: **Alloy 2507, SAF 2507** (Sandvik), **V257M** (Valbruna)
A913 (Böhler), **DX2507** (APERAM)

Äquivalente Normen und Bezeichnungen:

Deutschland:	EN 10088-3	1.4410 (X2CrNiMo25-7-4)	*UNS:*		S32750
USA:	AISI / ASTM	F53	*England:*	BS	
Japan:	JIS		*Schweden:*	SS	
Frankreich:	AFNOR	Z3CND25-06Az	*Russland:*	GOST	

Richtanalyse (in Masse-%):

	C	Si	Mn	P	S	Cr	Ni	Mo	W	Cu	N	PREN
min.	-	-	-	-	-	24,0	6,00	3,00	-	-	0,24	40 - 43
max.	0,030	1,00	2,00	0,035	0,015	26,0	8,00	4,50	-	0,50	0,33	

Physikalische Eigenschaften bei 20 °C

Dichte ρ	Spezif. Wärmekapazität c	Wärmeleitfähigkeit λ	Elektr. Widerstand R
7,81 g/cm^3	500 J/kg·K	15 W/m·K	0,80 Ω·mm^2/m

Mechanische Eigenschaften bei 20 °C, lösungsgeglüht

Härte	Streckgrenze $R_{p0,2}$	Zugfestigkeit R_m	Dehnung A_5	Elastizitätsmodul E
$\leq$ 290 HB	$\geq$ 530 N/mm^2	730 - 930 N/mm^2	$\geq$ 25 %	200 kN/mm^2

Kerbschlagarbeit KV (längs): $\geq$ 100 J

Thermische Behandlung:

		Abkühlung:
Warmumformen	1000 bis 1200 °C	Luft
Lösungsglühen	1040 bis 1120 °C	Wasser

Hinweis zur spanenden Bearbeitung:
Duplex-Gefüge, hohe Festigkeit und geringe Wärmeleitfähigkeit bedingen hohe Anforderungen an die Zerspanung, Einsatz von Werkzeugen aus hochwertigem Schnellarbeitsstahl (gute Kühlung!) empfohlen.

Anwendungen:
Chemieindustrie, Öl- und Petrochemie, Komponenten für Umwelttechnik, Meerestechnik, Lebensmittelindustrie, Anlagen- und Maschinenbau, Behälterbau, Rohrleitungsbau, Schiffbau, Entsalzungsanlagen

6 Werkstoffdaten

1.4501 (X2CrNiMoCuWN25-7-4)

Super-Duplex-Stahl: Chrom-Nickel-Molybdän-Kupfer-Wolfram-Stickstoff-Edelstahl mit ausgezeichneter Korrosionsbeständigkeit (vor allem gegen interkristalline Korrosion) und mit guten mechanischen Eigenschaften

Übliche Handelsnamen: Alloy 100 Super Duplex

Äquivalente Normen und Bezeichnungen:

Deutschland:	EN 10088-3	1.4501 (X2CrNiMoCuWN25-7-4)	UNS:		S32760
USA:	AISI / ASTM	F55	England:	BS	
Japan:	JIS		Schweden:	SS	
Frankreich:	AFNOR	Z3CND25-06Az	Russland:	GOST	12Kh13

Richtanalyse (in Masse-%):

	C	Si	Mn	P	S	Cr	Ni	Mo	W	Cu	N	PREN
min.	-	-	-	-	-	24,0	6,00	3,00	0,50	0,50	0,20	40 - 43
max.	0,030	1,00	1,00	0,035	0,015	26,0	8,00	4,00	1,00	1,00	0,30	

Physikalische Eigenschaften bei 20 °C

Dichte ρ	Spezif. Wärmekapazität c	Wärmeleitfähigkeit λ	Elektr. Widerstand R
7,81 g/cm^3	500 J/kg·K	15 W/m·K	0,80 Ω·mm^2/m

Mechanische Eigenschaften bei 20 °C, lösungsgeglüht

Härte	Streckgrenze $R_{p0,2}$	Zugfestigkeit R_m	Dehnung A_5	Elastizitätsmodul E
≤ 290 HB	≥ 530 N/mm^2	730 - 930 N/mm^2	≥ 25 %	200 kN/mm^2

Kerbschlagarbeit KV (längs): ≥ 100 J

Thermische Behandlung:		Abkühlung:
Warmumformen	1000 bis 1200 °C	Luft
Lösungsglühen	1040 bis 1120 °C	Wasser

Hinweis zur spanenden Bearbeitung:
Duplex-Gefüge, hohe Festigkeit und geringe Wärmeleitfähigkeit bedingen hohe Anforderungen an die Zerspanung, Einsatz von Werkzeugen aus hochwertigem Schnellarbeitsstahl (gute Kühlung!) empfohlen.

Anwendungen:
Chemieindustrie, Öl- und Petrochemie, Komponenten für Umwelttechnik, Unterwasser-Rohrleitungssysteme, Abwasserbehandlung, Wärmetauscher, Anlagen- und Maschinenbau

1.4477 (X2CrNiMoN29-7-2)

Super-Duplex-Stahl: Chrom-Nickel-Molybdän-Stickstoff-Edelstahl mit ausgezeichneter Korrosionsbeständigkeit, mit extrem hoher Festigkeit bei guter Zähigkeit und guter Schweißbarkeit

Übliche Handelsnamen: SAF 2906™ (Sandvik)
Äquivalente Normen und Bezeichnungen:

Deutschland:	EN 10088-3	1.4477 (X2CrNiMoN29-7-2)	UNS:		S32906
USA:	AISI / ASTM		England:	BS	
Japan:	JIS		Schweden:	SS	2376
Frankreich:	AFNOR		Russland:	GOST	

Richtanalyse (in Masse-%):

	C	Si	Mn	P	S	Cr	Ni	Mo	W	Cu	N	PREN
min.	-	-	0,80	-	-	28,0	5,80	1,50	-	-	0,30	41 - 43
max.	0,030	0,50	1,50	0,030	0,015	30,0	7,50	2,60	-	0,80	0,40	

Physikalische Eigenschaften bei 20 °C

Dichte ρ	Spezif. Wärmekapazität c	Wärmeleitfähigkeit λ	Elektr. Widerstand R
7,7 g/cm^3	470 J/kg·K	13 W/m·K	0,80 $\Omega \cdot$mm^2/m

Mechanische Eigenschaften bei 20 °C, lösungsgeglüht

Härte	Streckgrenze $R_{p0,2}$	Zugfestigkeit R_m	Dehnung A_5	Elastizitätsmodul E
≤ 310 HB	≥ 550 N/mm^2	750 - 1000 N/mm^2	≥ 25 %	200 kN/mm^2

Kerbschlagarbeit KV (längs): ≥ 100 J

Thermische Behandlung:

		Abkühlung:
Warmumformen	1000 bis 1200 °C	Luft
Lösungsglühen	1040 bis 1120 °C	Wasser

Hinweis zur spanenden Bearbeitung:
Duplex-Gefüge, hohe Festigkeit und geringe Wärmeleitfähigkeit bedingen hohe Anforderungen an die Zerspanung, Einsatz von Werkzeugen aus hochwertigem Schnellarbeitsstahl (gute Kühlung!) empfohlen.

Anwendungen:
Ausrüstungen für Chemieindustrie, Medizintechnik, Druckbehälter, Verbindungselemente wie Schrauben und Muttern

1.4658 (X2CrNiMoCoN28-8-5-1)

Hyper-Duplex-Stahl: Chrom-Nickel-Molybdän-Kobalt-Stickstoff-Edelstahl mit ausgezeichneter Korrosionsbeständigkeit, mit hoher Festigkeit bei guter Zähigkeit und guter Schweißbarkeit, besonders geeignet zum Einsatz in sehr aggressiven sauren und chloridhaltigen Medien

Übliche Handelsnamen: SAF 2707TM (Sandvik), 3207 Hyper Duplex
Äquivalente Normen und Bezeichnungen:

Deutschland:	EN 10088-3	1.4658 (X2CrNiMoCoN28-8-5-1)		UNS:	S32707
USA:	AISI / ASTM			England:	BS
Japan:	JIS			Schweden:	SS
Frankreich:	AFNOR			Russland:	GOST

Richtanalyse (in Masse-%):

	C	Si	Mn	P	S	Cr	Ni	Mo	Co	Cu	N	PREN
min.	-	-	-	-	-	26,0	5,50	4,00	0,50	-	0,30	49 - 50
max.	0,030	1,00	1,50	0,035	0,020	29,0	9,50	5,00	2,00	1,00	0,50	

Physikalische Eigenschaften bei 20 °C

Dichte ρ	Spezif. Wärmekapazität c	Wärmeleitfähigkeit λ	Elektr. Widerstand R
7,85 g/cm^3	470 J/kg·K	13 W/m·K	0,80 Ω·mm^2/m

Mechanische Eigenschaften bei 20 °C, lösungsgeglüht

Härte	Streckgrenze $R_{p0,2}$	Zugfestigkeit R_m	Dehnung A_5	Elastizitätsmodul E
≤ 300 HB	≥ 650 N/mm^2	800 - 1000 N/mm^2	≥ 25 %	197 kN/mm^2

Kerbschlagarbeit KV (längs): ≥ 100 J

Thermische Behandlung:		Abkühlung:
Warmumformen	1000 bis 1200 °C	Luft
Lösungsglühen	1050 bis 1150 °C	Wasser

Hinweis zur spanenden Bearbeitung:
Duplex-Gefüge, hohe Festigkeit und geringe Wärmeleitfähigkeit bedingen hohe Anforderungen an die Zerspanung, Einsatz von Werkzeugen aus hochwertigem Schnellarbeitsstahl (gute Kühlung!) empfohlen.

Anwendungen:
Ausrüstungen für Chemieindustrie, nukleare Kraftwerke, Medizintechnik, Druckbehälter, Schiffbau, Gasturbinen, Verbindungselemente wie Schrauben und Muttern

Was Sie aus diesem *essential* mitnehmen können

- Interessantes aus der Entstehungsgeschichte der Duplex-Stähle
- Erläuterungen zu den in der Praxis genutzten Duplex-Stählen, strukturiert nach Sorten, chemischen Zusammensetzungen, Gefügen und Eigenschaften
- Kurzbeschreibung der Herstellung
- Hinweise zu Anwendungen von Duplex-Stählen
- Überblick zu Werkstoffdaten für ausgewählte Duplex-Stähle

Literatur

Baas, J. (2016). *Application limits for Duplex Stainless Steels at elevated temperatures in the process industries.* Proceedings of Duplex Seminar and Summit.
Burghardt, H., & Neuhof, G. (1982). *Stahlerzeugung.* VEB Deutscher Verlag für Grundstoffindustrie.
Charles, J. (2014). *Duplex-families and applications: a review.* Stainless Steel World, Duplex Seminar & Summit 2014.
Charles, J. (2017). *Duplex-families and applications: a review part 1: from Duplex pioneers up to 1991.* Stainless Steel World, July/August 2017.
Euro Inox (2007). *Stainless steel: table of technical properties. Bd. 5: Materials and applications series.* ISBN 978–2–87997–242–8.
Fajimi, A. (2016). *Low temperature application of duplex stainless steels.* Proceedings of Duplex Seminar and Summit.
Haldorsen, L. M. (2016). *Welding of duplex piping – Experiences and challenges.* Proceedings of Duplex world seminar and summit.
ISSF-Publication. (2013). *Stainless steel in tunnel construction and applications.* https://www.worldstainless.org/applications.
ISSF-Publikation. (2021). *Nichtrostende Duplexstähle.* Dokumentation – 1. deutschsprachige Auflage, International Stainless Steel Forum. Herausgeber: Edelstahl Rostfrei, Düsseldorf.
Kiruna Wagon News. (2018). *Kiruna wagon modernises wagons with Duplex stainless steel for LKAB,* 05. April 2018. kirunawagon.com/archives/2651
Meyer, R. (2005). *Untersuchungen zur Optimierung der Fertigungstechnologie von gezogenem Draht aus ausgewählten Edelstählen und Sonderwerkstoffen durch Reduzierung der Ziehprobenanzahl bei erhöhter Eigenschaftsvorhersagegenauigkeit.* Diplomarbeit, Staatliche Studienakademie Glauchau.
Mola, M. (2005). *Numerische Legierungsentwicklung von nickelreduzierten ferritisch-austenitischen Duplex-Stählen* (1. Aufl.). Bochumer Universitätsverlag Westdeutscher Universitätsverlag.
Montanstahl-Magazin. (2017). *Geschichte von Duplex Edelstahl.* Zugegriffen: 30. Nov. 2017.
Nilsson, J.-O. (1992). Super Duplex-Edelstähle. *Materials Science and Technology, 8*(8).
Peckner, D., & Bernstein, I. M. (1977). *Handbook of stainless steels.* McGraw Hill.
Stahlhandel Gröditz GmbH. *Duplex Stahl und Super Duplex im Vergleich.* Information – www.stahlportal.com/edelstahl/duplex-stahl/. Zugegriffen: 28 Jan. 2022.

Steel Construction Institute (SCI) publication. (2017). *Design manual for structural stainless steel* (4. Aufl., Publication Number: SCI S. 413, ISBN 13: 978–1–85942–226–7).

Steelinox. (2014). *Dokumentation: Verarbeitung nichtrostender Duplexstähle – Ein praktischer Leitfaden.* Steelinox (https://www.steelinox.nl/images/uploads/Duplex.pdf), vgl. auch: IMOA Publication (2014). *Practical Guidelines for the fabrication of Duplex stainless steels* (3. Aufl., ISBN 978–1–907470–09–7).

Schlegel, J. (2021). *Die Welt des Stahls.* Springer.

Voronenko, B. I. (1997). *Austenitic-ferritic stainless steels: a state-of-art review.* Metal Science and Heat Treatment, 39(9–10), 428–437.

Nickel Institut. (2020). *Practical guide to using duplex stainless steels* (2. Aufl.).

MIX
Papier aus verantwortungsvollen Quellen
Paper from responsible sources
FSC® C105338

If you have any concerns about our products,
you can contact us on
ProductSafety@springernature.com

In case Publisher is established outside the EU,
the EU authorized representative is:
**Springer Nature Customer Service Center GmbH
Europaplatz 3, 69115 Heidelberg, Germany**

Printed by Libri Plureos GmbH
in Hamburg, Germany